2022 年制定

コンクリート
標準示方書

基本原則編

STANDARD SPECIFICATIONS
FOR CONCRETE STRUCTURES-2022,
GENERAL PRINCIPLES

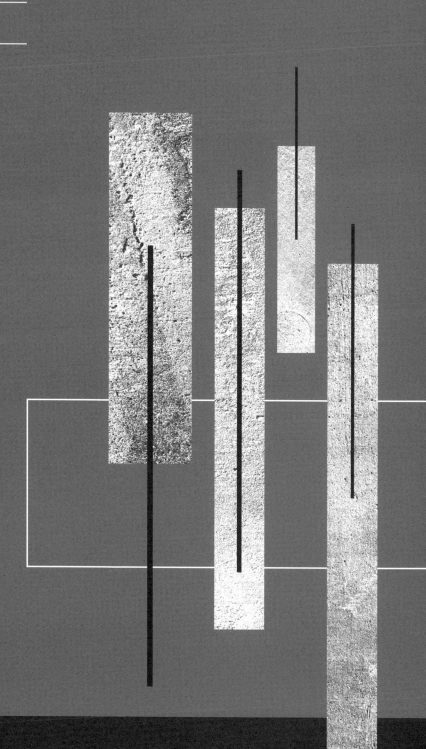

土木学会

STANDARD SPECIFICATIONS
FOR CONCRETE STRUCTURES -2022,
General Principles

December, 2022

Japan Society of Civil Engineers

はじめに

　土木学会「コンクリート標準示方書」は，1931年（昭和6年）に土木学会コンクリート委員会の前身であるコンクリート調査会が作成した「鉄筋コンクリート標準示方書」と同解説を起源としている．以降1世紀近くにわたり，我が国の土木分野のコンクリート構造物の設計，施工，維持管理に使われてきた．その間，コンクリートに関する技術の進歩を取り入れ，また社会情勢や技術の運用形態の変化に適合すべく，コンクリート委員会により定期的に，近年では概ね5年ごとに，改訂が重ねられてきた．

　現在のコンクリート標準示方書の基本となる骨格が整えられたのは，1986年（昭和61年）に設計編に限界状態設計法が導入されたことにさかのぼる．その後，1996年（平成8年）に耐震設計編の分離による耐震設計の強化，1999年（平成11年）に定量的な耐久性照査の導入，2001年に既設構造物の維持管理を専門に扱う維持管理編の創設が行われた．2000年代以降は示方書全体を貫く理念として，構造物が必要とされる性能を保持することを設計・施工・維持管理に共通かつ明解な目的と設定し，その達成が客観的に確認できるならば方法の自由度を大きく許容する性能照査の考え方が掲げられた．そして2007年には設計編，施工編が，2013年には維持管理編が，性能照査体系を示す「本編」と実用性を備えた「標準」により構成されることとなり，現在に続く示方書のスタイルが完成した．また2012年には，示方書の基本原則を示す基本原則編が創設された．

　今回出版される2022年版示方書は，これまでの示方書の理念とスタイルを踏襲しつつ，近年の技術の進歩が数多く取り入れられている．2023年3月に基本原則編，設計編，維持管理編が先行して出版され，9月には追って施工編，ダムコンクリート編が出版される予定である．また，社会全体ならびに建設分野のデジタル化の流れを受け数年前から検討されていた示方書の電子化が実現し，今回より書籍版と電子版の2媒体でのリリースとなったことが新しい．

　今回の示方書改訂の膨大な作業に粘り強く取り組み，完成まで尽力された二羽淳一郎委員長をはじめとする示方書改訂小委員会各位，示方書が世に出るまでの改訂案の慎重な審議，丁寧な査読を行っていただいたコンクリート委員会各位，改訂案に貴重なご意見を賜った各種外部機関・団体の皆様に心よりお礼申し上げる．

　コンクリート標準示方書が，信頼性の高いコンクリート構造物の実現に時空を超えて寄与することを願っている．

2023年3月

土木学会コンクリート委員会

委員長　　　下村　匠

序

　基本原則編は，コンクリート標準示方書の6つ目の編として2012年に制定された．その「序」において以下のような記述がある．"示方書各編の体系とお互いの連係を明確にするとともに，コンクリート構造物の性能確保のために必要な計画，設計，施工ならびに維持管理の各段階で基本となる考え方，技術者の役割について示している．さらに，今後の持続可能な発展を目指すために，コンクリート構造物のライフサイクルにおける環境性についても地球環境，地域環境，作業環境，および景観の観点から記述することとした．"

　基本原則編の制定以来10年が経過し，この間多くの土木技術者に読まれ，その内容も広く理解されるようになってきた．一方で，2012年の制定以降，他編が改訂されていることから，その内容を見直す必要性が生じてきた．そのため，今回の示方書改訂において基本原則編も改訂を行うこととした．

　今回の改訂における要点は，コンクリート構造物の性能確保，性能確保のための情報伝達の重要性とその方法，技術者のあり方および役割の3項目である．コンクリート構造物の性能確保に関しては，新設構造物から既設構造物までを統一的に扱う示方書であることを明示し，設計段階では設計耐用期間について性能照査を行い，維持管理段階では点検結果を踏まえて性能評価を行う枠組みを示した．各段階を繋ぐ情報伝達に関しては，建設段階，管理段階の情報を確実に伝達し，記録・保存することの重要性とその方法を示した．技術者のあり方・役割については，責任技術者の位置づけと切り離し，あるべき姿を示すとともに，技術者の携わる業務として「設計・施工・診断（点検を含む）」に区分すること，一方，プロジェクトとしては「計画・建設・管理」に整理する考え方を示した．

　2012年制定の基本原則編において示された環境性は，今回の改訂においては，コンクリート構造物に求められる性能の一つとしての位置づけは変更せず，持続可能性を具体化する性能として社会性，経済性と併記することとした．

　今回の改訂版では，2012年制定版から目次構成が大きく変更になったが，基本的な考え方は2012年制定版からの変更はない．2012年制定版において十分に検討できていなかった項目について，今回その内容を充実させた．コンクリート構造物に携わる技術者だけでなく，すべての土木技術者にこの基本原則編を読んでいただき，コンクリート標準示方書の基本的な考え方をよく理解したうえで，実務において，各編を活用していただくことを心より希望するものである．

　今回の改訂では，用語の定義をはじめ，コンクリート構造物の性能確保のための基本原則に関して，設計編，施工編，維持管理編の実質的な連携についても活発な議論を行うことができた．議論に参加していただいた各編の主査，幹事，委員の皆様のご協力に心よりお礼を申し上げる．

　最後に，今回の改訂にあたりご尽力いただいた古市耕輔副主査，田所敏弥代表幹事，國枝稔幹事，本間淳史幹事はじめ，基本原則編の改訂部会委員の各位に心から感謝の意を表する．

2022年12月

土木学会コンクリート委員会

コンクリート標準示方書改訂小委員会

委員長　二羽淳一郎

基本原則編部会主査　濵田秀則

土木学会　コンクリート委員会　委員構成

(令和 3・4 年度)

顧　問　上田　多門　　　河野　広隆　　　武若　耕司　　　前川　宏一　　　宮川　豊章
　　　　横田　　弘

委員長　下村　　匠（長岡技術科学大学）

幹事長　山本　貴士（京都大学）

委　員

秋山　充良	○綾野　克紀	○石田　哲也	○井上　　晋	○岩城　一郎	○岩波　光保
○上田　隆雄	上野　　敦	宇治　公隆	○氏家　　勲	○内田　裕市	○大内　雅博
△大島　義信	春日　昭夫	加藤　絵万	△加藤　佳孝	○鎌田　敏郎	○河合　研至
○岸　　利治	木村　嘉富	國枝　　稔	○河野　克哉	○古賀　裕久	○小林　孝一
○齊藤　成彦	○斎藤　　豪	○佐伯　竜彦	○坂井　吾郎	佐川　康貴	○佐藤　靖彦
島　　弘	○菅俣　匠	○杉山　隆文	髙橋　良輔	△田所　敏弥	谷村　幸裕
○玉井　真一	○津吉　毅	○鶴田　浩章	土橋　浩	長井　宏平	○中村　光
○永元　直樹	半井健一郎	○二羽淳一郎	橋本　親典	○濱田　秀則	濱田　譲
○原田　修輔	○久田　真	日比野　誠	○平田　隆祥	藤山知加子	△細田　暁
○本間　淳史	△前田　敏也	△牧　剛史	○松田　浩	○松村　卓郎	○丸屋　剛
三木　朋広	三島　徹也	皆川　浩	○宮里　心一	○森川　英典	○山口　明伸
○山路　徹	渡辺　忠朋				

(五十音順，敬称略)
○：常任委員会委員
△：常任委員会委員兼幹事

土木学会　コンクリート委員会　委員構成

（令和元・2 年度）

顧　問　石橋　忠良　　　魚本　健人　　　梅原　秀哲　　　坂井　悦郎　　　前川　宏一
　　　　丸山　久一　　　宮川　豊章　　　睦好　宏史

委員長　下村　　匠（長岡技術科学大学）

幹事長　加藤　佳孝（東京理科大学）

委　員

○綾野　克紀	○石田　哲也	○井上　晋	○岩城　一郎	○岩波　光保	○上田　隆雄
○上田　多門	宇治　公隆	○氏家　勲	○内田　裕市	梅村　靖弘	△大内　雅博
春日　昭夫	金子　雄一	○鎌田　敏郎	○河合　研至	○河野　広隆	○岸　利治
木村　嘉富	國枝　稔	○小林　孝一	○齊藤　成彦	斎藤　豪	○佐伯　竜彦
佐藤　勉	○佐藤　靖彦	島　弘	○菅俣　匠	杉山　隆文	武若　耕司
○田中　敏嗣	○谷村　幸裕	玉井　真一	○津吉　毅	鶴田　浩章	土橋　浩
○中村　光	○二井谷教治	二羽淳一郎	橋本　親典	服部　篤史	○濱田　秀則
濱田　譲	○原田　修輔	原田　哲夫	○久田　真	日比野　誠	○平田　隆祥
△古市　耕輔	○細田　暁	○本間　淳史	○前田　敏也	△牧　剛史	○松田　浩
○松村　卓郎	○丸屋　剛	三島　徹也	○宮里　心一	○森川　英典	○山口　明伸
△山路　徹	△山本　貴士	○横田　弘	渡辺　忠朋	渡邉　弘子	○渡辺　博志

旧委員

　　○名倉　健二

（五十音順，敬称略）
○：常任委員会委員
△：常任委員会委員兼幹事

土木学会　コンクリート委員会
コンクリート標準示方書改訂小委員会　委員構成

土木学会　コンクリート委員会
コンクリート標準示方書改訂小委員会
運営部会　委員構成

主　査　　　二羽淳一郎　　（(株)高速道路総合技術研究所）

副主査　　　丸屋　　剛　　（大成建設(株)）

幹事長　　　石田　哲也　　（東京大学）

委　員

綾野　克紀	（岡山大学）	岩城　一郎	（日本大学）
岩波　光保	（東京工業大学）	宇治　公隆	（東京都立大学）
大内　雅博	（高知工科大学）	金縄　健一	（国土技術政策総合研究所）
上東　　泰	（中日本高速道路(株)）	小林　孝一	（岐阜大学）
田所　敏弥	（(公財)鉄道総合技術研究所）	玉井　真一	（(独)鉄道建設・運輸施設整備支援機構）
中村　　光	（名古屋大学）	名倉　健二	（清水建設(株)）
濱田　秀則	（九州大学）	古市　耕輔	（西武ポリマ化成(株)）
細田　　暁	（横浜国立大学）		

オブザーバー

高橋　佑弥	（東京大学）	三浦　泰人	（名古屋大学）

旧委員

井上　　晋	（大阪工業大学）	加藤　佳孝	（東京理科大学）
河合　研至	（広島大学）	河野　広隆	（京都大学）
佐藤　弘行	（国土技術政策総合研究所）	下村　　匠	（長岡技術科学大学）
武若　耕司	（(一社)構造物診断技術研究会）	前川　宏一	（横浜国立大学）
渡辺　忠朋	（(株)HRC研究所）		

旧オブザーバー

佐藤　良一	（広島大学）

（五十音順，敬称略）

土木学会　コンクリート委員会
コンクリート標準示方書改訂小委員会
基本原則編部会　委員構成

主　　査　　濵田　秀則　　（九州大学）

副 主 査　　古市　耕輔　　（西武ポリマ化成(株)）

代表幹事　　田所　敏弥　　（(公財)鉄道総合技術研究所）

幹　　事　　國枝　　稔　　（岐阜大学）

幹　　事　　本間　淳史　　（東日本高速道路(株)）

委　　員

岩城　一郎　（日本大学）	大内　雅博　（高知工科大学）
加藤　佳孝　（東京理科大学）	河合　研至　（広島大学）
木野　淳一　（東日本旅客鉄道(株)）	齊藤　成彦　（山梨大学）
杉橋　直行　（清水建設(株)）	中村　敏之　（オリエンタル白石(株)）
畑　　明仁　（大成建設(株)）	細田　　暁　（横浜国立大学）
牧　　剛史　（埼玉大学）	松村　卓郎　（(一財)電力中央研究所）
山路　　徹　（港湾空港技術研究所）	山本　貴士　（京都大学）
渡辺　忠朋　（(株)HRC 研究所）	

旧委員

　二井谷教治　　（オリエンタル白石(株)）

（五十音順，敬称略）

2022年制定

コンクリート標準示方書［基本原則編］

目　　次

1 章　総　　則

1.1　一　　般

（1）コンクリート標準示方書は，設計供用期間にわたり構造物の目的を達成するために，求められる機能とそれを満たすための性能を有するコンクリート構造物を実現するための技術の標準を示すものである．

（2）コンクリート標準示方書［基本原則編］は，設計供用期間に対して設計耐用期間を適切に設定し，設計耐用期間にわたってコンクリート構造物の性能を確保するために必要な基本原則を示すものである．

【解　説】　　（1）について　1800 年代の中ごろに近代セメントが我が国に輸入されて以来，数多くの技術開発を経て，強固で耐久性のあるコンクリートができ，社会基盤施設の材料として多方面で使用されるようになっている．所要の性能を有するコンクリート構造物の建設および維持管理にあたり，コンクリート構造物の計画，設計，施工，維持管理に関する諸技術を取りまとめたものがコンクリート標準示方書である．コンクリート構造物に関する実務は，一般的には各種機関等が発行する技術基準を基に行われるが，それらにおいても，コンクリート標準示方書は，技術的な標準として参照されている．

　コンクリート標準示方書は，1931 年（昭和 6 年）に「鐵筋コンクリート標準示方書」として制定されて以来，国内外のコンクリートに関する最新の技術を反映するため，5 年ごとに小改訂，10 年ごとに大幅な見直しを行いながら，今日に至っている．市民のニーズ等を踏まえ，構造物の所有者や管理者が求める目的やそれを達成するための機能に対して構造物に求められる性能項目を規定し，性能を満足する構造物を実現することが性能規定の原則である．この意味で，市民の生命や財産を守ることがコンクリート構造物の最大の目的ではあるものの，社会が成熟するにつれて，コンクリート構造物の機能向上が求められたり，コンクリート構造物の構築にあたり，社会からの制約や価値基準が変化，多様化しており，それに合わせて要求される性能項目も多様化している．例えば，新材料としてのコンクリートを確実に製造，施工するための標準的な規定が求められた時代から，甚大な被害をもたらした地震や津波に対する設計の高度化への対応，建設から維持管理への大きな転換への対応，診断および対策を確実に行うための対応，リサイクルや脱炭素への対応等がある．

　多様化する目的を達成するコンクリート構造物を構築するために，コンクリート標準示方書の内容も「仕様規定」から限界状態設計法をベースにした「性能規定」に移行してきた．コンクリート標準示方書における性能確保のための基本概念を**解説 図 1.1.1** に示す．コンクリート構造物は，それぞれに社会から期待される目的や役割があり，その目的や役割を果たすための機能が求められる．機能を満足させるために構造物に要求される具体的な性能項目を選定するとともにその水準を設定する．例えば，ある区間に「交通量の多い道路で，安全に車両と歩行者を通す」という目的が求められた場合，「2 車線の橋梁」が具備する機能を考え，その橋梁の耐力やたわみ，耐震性や耐風性，振動性や視認性等，その構造物に求められる具体的な要求性能を，法律や各種基準類をもとに設定することが必要となる．

　設計耐用期間にわたりコンクリート構造物の性能を確保するためには，性能評価を行うことが重要となる．

解説 図 1.1.2 に示すように，建設および維持管理の過程において，時間とともに耐力等の特性が変化することを踏まえた限界値と応答値の比較等により，各時点における要求性能に対する余裕の程度を確認する行為が性能評価である．例えば，構造物の性能評価では，時間軸を考慮した材料や構造の力学機構に基づき定量的な指標を用いて設計耐用期間における余裕の程度を求める場合もあれば，技術者の経験や同種の構造物に関する実績等に基づき余裕の程度を確認する場合もある．特に，既設構造物の対策の検討にあたっては，点検結果を踏まえ，維持管理限界に対する余裕の程度を定量的に求める性能評価が不可欠である．なお，具体的な評価の方法や評価式については，構造の詳細や状態，要求性能，評価の目的等によって異なることから，適切なものを選定するのがよい．また，構造物は部位や部材等の種々の構造要素から構成されるため，部材・部位に着目して評価する場合には，部材・部位の状態が構造物の全体としての性能に与える影響を考慮して評価することが重要となる．

　新設，既設によらず，設計段階においては，具体的な材料，配合，構造の詳細を決定し，結果を設計図書や図面に記載する必要があり，設計耐用期間において要求性能を満足するかどうかを性能照査により判断する．性能照査にあたって，構造物の応答値と限界値の比較に基づく余裕の程度を定量的に確認する性能評価は極めて重要といえる．ただし，コンクリート構造物では，性能照査にあたって，その方法や指標が確立しておらず，特に構造細目において仕様規定として残っている事項も少なくない．過去の経験や実績を通じて，仕様に従えば性能を十分に満足することが分かっている場合には，設計作業の合理化，効率化の観点から仕様規定によることもできるが，設計耐用期間において性能確保を合理的に，かつ確実に行うためには，性能評価および性能照査を適切に行える技術の開発が不可欠である．以上のように構造物の目的や機能に応じて，適切に要求性能を設定し，性能評価を行う概念は，土木構造物共通示方書とも整合している．

　具体的な作業の流れに基づく性能評価は，**解説 図** 1.1.3 に示すように，性能照査を含む性能評価を原則としながら，設計供用期間にわたって構造物の目的や機能を満足するために計画，設計，施工および維持管理を適切に行う必要がある．

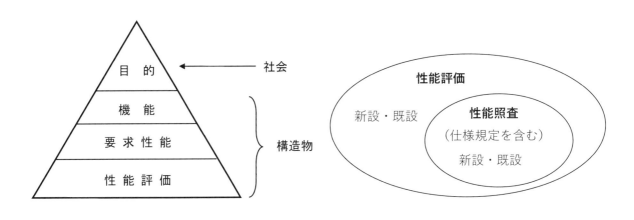

解説 図 1.1.1　コンクリート構造物の
性能確保に関する基本概念

解説 図 1.1.2　コンクリート構造物の
性能評価と性能照査の位置づけ

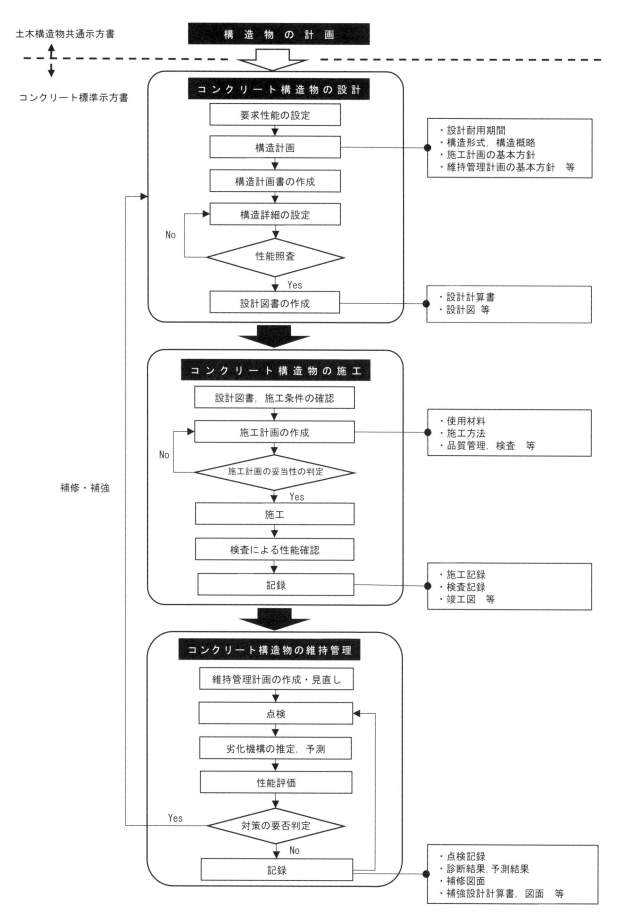

解説 図 1.1.3　コンクリート構造物の性能確保の流れ

　（2）について　適切に設計，施工されたコンクリート構造物は，永久構造物として使用できると言われていたが，実際には適切な維持管理が必要であることが分かり，コンクリート標準示方書においても［維持管理編］の制定を機に，診断および対策における基本的な考え方や基本原則が示されている．しかし，点検結果を踏まえた対策直後の性能評価の方法の確立，劣化予測の精度向上等，多くの課題が残されているのが現状である．例えば，維持管理段階においてコンクリート構造物に変状が確認された場合，詳細な調査および劣化予測に加えて，耐力等の保有する性能を評価する．ここで維持管理限界を下回っていれば，対策が実施されるが，対策前後の性能の差，あるいは維持管理限界と対策後の性能の差を評価することがその後の維持管理計画の策定にとって重要である．性能評価の指標としてひび割れ幅を設定した場合，そのひび割れ幅が経時的に変化しているかを評価することが重要である．この観点において，従前から劣化曲線等，性能と時間軸の関係を取り扱う考え方は提唱されてはいるものの，設計耐用期間を通じて構造物の性能を評価する枠組みが十分ではないのが現状である．

　コンクリート標準示方書では，設計供用期間は社会の状況や技術の現状等を考慮して構造物の所有者や管理者が設定し，それを前提条件として設計耐用期間や要求性能を設定し，設計耐用期間にわたってコンクリート構造物の性能が確保されることで，コンクリート構造物の目的や機能が満足される枠組みを明確にした．なお，設計耐用期間は設計供用期間より長く設定することが一般的であるが，短い方が合理的な場合もある．例えば，ある構造物の目的や機能を満足すべき期間としての設計供用期間は 100 年と設定されたが，コンクリート構造物に用いる材料の品質，劣化予測技術を含む性能評価の現状および信頼性に鑑み，設計耐用期間を短く設定し，構造物の更新によって設計供用期間 100 年を達成させる考え方もある．

　供用開始後に，社会の状況の変化によって設計供用期間を延長する必要が生じた場合には，当初の設計耐用期間を超えた部分については，更新あるいは大規模な改築等により構造物の目的や機能は満足される．また，性能評価や劣化予測技術，補修，補強等の技術の進歩により，設計耐用期間を長くすることも今後は可能となる．一方，設計供用期間を短くする必要が生じることも考えられる．例えば，市町村が管理する小規模橋梁では，既設構造物の性能評価の結果や使用状況，路線の重要性等を総合的に考慮し，当初の設計供用期間より短い設計供用期間を再設定し，供用を中止することも考えられる．

1.2　コンクリート標準示方書の適用の範囲

（1）コンクリート標準示方書は，土木コンクリート構造物の建設および維持管理に適用する．

（2）コンクリート標準示方書は，［基本原則編］，［設計編］，［施工編］，［維持管理編］，［ダムコンクリート編］および［規準編］により構成される．

（3）［設計編］は，鉄筋コンクリートおよびプレストレストコンクリート等のコンクリート構造物の設計に適用するものである．

（4）［施工編］は，設計図書に示されたコンクリート構造物の施工に適用するものである．

（5）［維持管理編］は，コンクリート構造物の維持管理に適用するものである．

（6）［ダムコンクリート編］は，コンクリートダムに用いるコンクリートに適用するものである．

（7）［規準編］は，コンクリート構造物の性能評価に必要となる各種試験方法や規格値を示すものである．

（8）コンクリート標準示方書で十分に記載されていない特殊な材料，構造，施工および維持管理方法を採用する場合には，土木学会が刊行する各種指針やマニュアル等を参照してよい．

【解　説】　（1）について　コンクリート標準示方書は，各種の土木コンクリート構造物の機能に対して，それを達成するための性能確保に関する具体的な手法・手順を示すとともに，実務的技術基準として，建設および維持管理に適用することができる．**解説 図 1.1.3** に示したように，土木構造物共通示方書の構造物の計画において，構造種別等の選定が行われ，それに続く，コンクリート構造物の建設，維持管理における基本的な考え方とその標準がコンクリート標準示方書に示されている．

　土木学会「トンネル標準示方書」は，道路・鉄道・水路等のトンネルの計画，調査，設計，施工および施工管理についての一般的な標準を示すものであり，トンネルにおけるコンクリート構造物に特有な考え方等が示されている．

　鋼・コンクリート複合構造に分類される構造物については，土木学会「複合構造標準示方書」が刊行されており，その内容も参考となる．

　さらに，土木構造物の全般および技術者に関わる基本的な事項，求められる要求性能やその検討方法等は，土木学会「土木構造物共通示方書」に示されている．ここでは，用語，作用のように土木構造物に共通する事項や，使用材料，構造種別を含めた構造の計画等について記載されているため，コンクリート構造物を構築する一連の作業を行う際，コンクリート標準示方書に記載のない事項については，適宜参照するとよい．

　なお，コンクリート舗装については，2002 年制定コンクリート標準示方書までは，［舗装編］としてコンクリート標準示方書の枠組みの中で，その設計および施工に関する一般的な標準が示されていたが，現在は，アスファルト舗装も含む舗装全般に関する標準を示す土木学会「舗装標準示方書」が刊行されている．

　（2）について　コンクリート標準示方書は，［基本原則編］，［設計編］，［施工編］，［維持管理編］，［ダムコンクリート編］および［規準編］の 6 編による構成となっており，コンクリート構造物の建設ならびに維持管理を行う上での技術の標準について体系的に記述したものである．

　（3）について　［設計編］は，鉄筋コンクリート，プレストレストコンクリート等のコンクリート構造物に関する性能照査や性能評価に関する基本的な考え方と標準的な方法を示し，照査の前提条件や構造細目を規定している．無筋コンクリートに関しては適用の範囲には含めていないが，その設計において必要となる材料の設計値等，準用できる項目については準用してよい．

　なお，［設計編］で定められている要求性能に関する条項は，国際標準化機構（ISO）の「コンクリートおよび鉄筋コンクリートに関する第71技術委員会 」において制定されたISO 19338: Performance and assessment requirements for design standards on structural concrete（構造用コンクリートの設計標準のための性能および評価要求事項）に合致するものであると認定されている.

　従来の設計編は新設構造物を対象にしていたが，既設の構造物の性能を評価したり既設構造物の補修，補強を行う場合にも設計編に記載されている手順を用いることができる. 特に，社会情勢が変化し，既設構造物の目的や機能が変更された場合には，その目的や機能に応じた要求性能に対し構造物の性能評価および性能照査を行い，改築を行うことになる.

　（4）について　　［施工編］は，コンクリート構造物の施工に関する一般的な基本原則を示している. 施工段階においては，設計図書，工事の制約条件等から使用材料や施工方法を決定する. 設計段階で設定した単位水量，セメント量，セメントの種類等の条件にもとづくコンクリートの配合や各種特性値の決定方法，レディーミクストコンクリートを選定する方法の標準が示されている. その上で，コンクリートの製造・運搬・打込み・締固め・仕上げ・養生，鉄筋・型枠組立て，さらにはそれらに対する品質管理や検査の方法等，コンクリート構造物の性能を確保するための施工計画を作成し，その計画に基づき確実に施工を行う. 最近では，生産性向上を目的にプレキャストコンクリートの活用を対象とした設計および製造，施工によるコンクリート構造物の構築も増えている.

　施工では，完成した構造物が設計図書に示された性能を満足しており，構造諸元が設計図どおりの構造物が構築されるならば，施工者は，自らの責任において自由に適切な施工方法を創造的に設定することができる. また，設計段階では確定することが困難であった条件を検討し，品質や経済性，工程，工期，安全性，法令遵守，ならびに環境負荷等を総合的に考慮した上で，コンクリート工事の施工計画を確認することになる. 設計段階で設定した条件に合致する範囲内で使用材料や施工方法の再設定を行っても，施工計画が適切でない場合には，設計段階に戻り，構造詳細や維持管理に関する条件等の必要な項目を再度設定し，構造物の性能照査を改めて実施することになる. このような作業上の手戻りが発生しないように，設計段階における施工方法の検討が重要となる.

　（5）について　　［維持管理編］は，コンクリート構造物の維持管理に関する一般的な基本原則を示している. 維持管理段階では，設計段階から引き渡された設計図書，維持管理区分，施工段階から引き渡された施工計画書，竣工図面，工事記録，検査報告書等の資料を十分活用し，コンクリート構造物の性能が確保されるように効率的かつ合理的に維持管理を実施することになる. 点検および診断によって性能評価を適切に行い，必要に応じて補修，補強を行う. なお，［維持管理編］で示されている事項は，前述の ISO 第 71 技術委員会において制定された ISO 16311：Maintenance and repair of concrete structures（コンクリート構造物の維持と補修）におおむね合致している.

　（6）について　　［ダムコンクリート編］は，ダムコンクリートに要求される性能・品質を規定するとともに，それらを満足することを確認する方法および設計，施工，維持管理の基本原則を示している. なお，ダムコンクリート編における設計，施工については，躯体が無筋コンクリートであることや，使用するコンクリートのスランプが小さいまたはゼロであること等，ダムコンクリート特有の要因があり，［設計編］および［施工編］に示された内容と異なる部分が多い. したがって，［ダムコンクリート編］では，ダムコンクリートに特有の設計，施工の内容をまとめて記載している. なお，一般のコンクリートと共通する部分または準用できる部分については，［設計編］，［施工編］に適宜準拠するのがよい.

　また，ダムコンクリートの維持管理に関しては，ダムコンクリート特有の劣化機構として，凍害，すりへ

り，温度収縮の 3 種類に言及した上で，その診断の方法および実施時期については［維持管理編］に準拠するか，ダム堤体の構造や設置環境等を考慮して定めるのがよい．なお，上記の 3 種類以外の劣化機構が問題となる場合には，［維持管理編］を参照することとなる．

（7）について　［規準編］は，コンクリート構造物の建設および維持管理において，コンクリート構造物の性能や使用材料の品質を確認するための試験方法や規格値を集めたものである．前述のとおり，定量的に性能照査あるいは性能評価を行うためには，工学的な指標を用いることが必要であり，その指標を用いて構造物からデータを取得する，あるいは材料の品質を確認する際には，［規準編］に示された試験方法を用いることとなる．

（8）について　コンクリート標準示方書の改訂にあたり，その経緯や基本的な考え方については，コンクリートライブラリー「コンクリート標準示方書改訂資料」を参照することにより，各事項に対して示方書では記載できなかった詳細な検討内容・改訂内容について知ることができる．

また，新しい研究成果や技術，知見を取り入れる考えの下に，コンクリート標準示方書の改訂時に，技術の信頼性や使用実態等を判断した上で，記載事項の改廃が行われてきている．新設構造物の設計においては，最新のコンクリート標準示方書を用いるが，維持管理段階において既設構造物の性能評価を行う場合等においては，建設当時の規基準を確認することも重要である．なお，改訂に伴い削除された設計法，構造，材料，あるいは施工法については，それらの技術を否定するものではなく，削除された技術を用いるより他に代替技術がない場合には，それが記載されている旧版示方書を参照することができる．ただし，旧版示方書を用いる場合には，その示方書が刊行された後の技術の進歩，知見を充分に把握した上で，必要に応じた能力と経験を有し，権限を有する技術者の判断により，規定事項への対応を行う必要がある．なお，改訂にあたり削除された規定の扱いに関し，特に注意が必要な事項については，改訂時に発刊される「コンクリート標準示方書改訂資料」に記載されているので，参照するとよい．

コンクリート標準示方書で十分に記載されていない特殊な材料や工法等を対象として，土木学会ではこれまでに**解説 表** 1.2.1 に示す設計と施工に関する指針類を制定しており，今後とも必要に応じて指針類を制定することを考えている．これらの指針類はコンクリート標準示方書を補完するものである．なお，過去に発刊された指針類で，既にコンクリート標準示方書に取り入れられたもの（例えば，コンクリート構造物の維持管理指針(案)やコンクリート構造物の耐久設計指針（案）等）や，特に参照の必要がない指針類は，ここでは記載していない．

なお，他の学協会から出版されている各種基準類についても，コンクリート標準示方書各編において参照することが記載されている場合には，前提条件や内容を十分に確認の上，コンクリート標準示方書の内容を補完するために活用してもよい．

解説 表 1.2.1　コンクリートおよびコンクリート構造物を対象に土木学会で制定した指針・マニュアル

指針・マニュアル等	制定年次
・　高強度コンクリート設計施工指針（案）	昭和 55 年
・　鋼繊維補強コンクリート設計施工指針（案）	昭和 58 年
・　人工軽量骨材コンクリート設計施工マニュアル	昭和 60 年
・　連続ミキサによる現場練りコンクリート施工指針（案）	昭和 61 年
・　PC 合成床版工法設計施工指針（案）	昭和 62 年
・　高炉スラグ微粉末を用いたコンクリートの設計施工指針（案）	昭和 63 年
・　フライアッシュを混和したコンクリートの中性化と鉄筋の発錆に関する長期研究（最終報告）	昭和 63 年
・　プレストレストコンクリート工法設計施工指針	平成 3 年
・　水中不分離性コンクリート設計施工指針（案）	平成 3 年
・　太径ねじふし鉄筋 D57 および D64 を用いる鉄筋コンクリート構造物の設計施工指針（案）	平成 4 年
・　鋼コンクリートサンドイッチ構造設計施工指針（案）	平成 4 年
・　高性能 AE 減水剤を用いたコンクリートの施工指針（案）・流動化コンクリート施工指針	平成 5 年
・　高炉スラグ骨材コンクリート施工指針	平成 5 年
・　膨張コンクリート設計施工指針	平成 5 年
・　鉄筋のアモルファス接合継手設計施工指針（案）	平成 5 年
・　シリカフュームを用いたコンクリートの設計・施工指針（案）	平成 7 年
・　連続繊維補強材を用いたコンクリート構造物の設計・施工指針（案）	平成 7 年
・　高炉スラグ微粉末を用いたコンクリートの施工指針	平成 8 年
・　複合構造物設計・施工指針（案）	平成 9 年
・　フェロニッケルスラグ細骨材を用いたコンクリートの施工指針	平成 10 年
・　銅スラグ細骨材を用いたコンクリートの施工指針	平成 10 年
・　コンクリート構造物の補強指針（案）	平成 11 年
・　鋼繊維補強鉄筋コンクリート柱部材の設計指針（案）	平成 11 年
・　フライアッシュを用いたコンクリートの施工指針（案）	平成 11 年
・　LNG 地下タンク躯体の構造性能照査指針	平成 11 年
・　連続繊維シートを用いたコンクリート構造物の補修補強指針	平成 12 年
・　自己充てん型高強度高耐久コンクリート構造物設計・施工指針（案）	平成 13 年
・　高強度フライアッシュ人工骨材を用いたコンクリートの設計・施工指針（案）	平成 13 年
・　電気化学的防食工法　設計施工指針（案）	平成 13 年
・　電気炉酸化スラグ骨材を用いたコンクリートの設計・施工指針（案）	平成 15 年
・　エポキシ樹脂塗装鉄筋を用いる鉄筋コンクリートの設計施工指針[改訂版]	平成 15 年
・　超高強度繊維補強コンクリートの設計・施工指針（案）	平成 16 年
・　表面保護工法　設計施工指針（案）	平成 17 年
・　電力施設解体コンクリートを用いた再生骨材コンクリートの設計施工指針（案）	平成 17 年
・　吹付けコンクリート設計施工指針（案）	平成 17 年
・　コンクリート構造物の環境性能照査指針（試案）	平成 17 年
・　複数微細ひび割れ型繊維補強セメント複合材料設計・施工指針（案）	平成 19 年
・　ステンレス鉄筋を用いるコンクリート構造物の設計施工指針（案）	平成 20 年
・　エポキシ樹脂を用いた高機能 PC 鋼材を使用するプレストレストコンクリート設計施工指針（案）	平成 22 年
・　高流動コンクリートの配合設計・施工指針[2012 年版]	平成 24 年
・　コンクリートのポンプ施工指針[2012 年版]	平成 24 年
・　けい酸塩系表面含浸工法の設計施工指針（案）	平成 24 年
・　トンネル構造物のコンクリートに対する耐火工設計施工指針（案）	平成 26 年
・　施工性能にもとづくコンクリートの配合設計・施工指針（2016 年版）	平成 28 年

・ フェロニッケルスラグ骨材を用いたコンクリートの設計施工指針	平成 28 年
・ 銅スラグ細骨材を用いたコンクリートの設計施工指針	平成 28 年
・ セメント系材料を用いたコンクリート構造物の補修・補強指針	平成 30 年
・ 高炉スラグ微粉末を用いたコンクリートの設計・施工指針	平成 30 年
・ 混和材を大量に使用したコンクリート構造物の設計・施工指針（案）	平成 30 年
・ 亜鉛めっき鉄筋を用いるコンクリート構造物の設計・施工指針（案）	平成 31 年
・ 高炉スラグ細骨材を用いたプレキャストコンクリート製品の設計・製造・施工指針（案）	平成 31 年
・ 鉄筋定着・継手指針〔2020 年版〕	令和 2 年
・ 電気化学的防食工法指針	令和 2 年
・ プレキャストコンクリートを用いた構造物の構造計画・設計・製造・施工・維持管理指針（案）	令和 3 年
・ 石炭灰混合材料を地盤・土構造物に利用するための技術指針（案）	令和 3 年
・ コンクリートのあと施工アンカー工法の設計・施工・維持管理指針（案）	令和 4 年
・ 締固めを必要とする高流動コンクリートの配合設計・施工指針（案）	令和 5 年

1.3　コンクリート構造物の役割

コンクリート構造物は，人々のくらしを支え，生命，財産を災害から守り，国土の保全を通して，社会の持続的発展を実現するために，必要な性能を備えたものでなければならない．

【解　説】　今日の文明社会，すなわち生産，経済，文化等の人類の活動は，都市，道路，鉄道，港湾，ライフライン，防災施設，エネルギー施設等の社会基盤の上に成り立っている．また，社会基盤施設は，例えば道路を例にとると，多数の橋梁，トンネル，盛土，切土，舗装等の構造物の集合であり，全体として交通，流通を通して市民の生活を支えるシステムを形成している．これら橋梁，トンネル等の社会基盤施設は，鋼構造物，土構造物とならんでコンクリート構造物で形成されている．さらにはコンクリートと鋼との複合構造等の適用事例も多くなっている．すなわち，今日の重要な社会基盤施設の多くは，コンクリートなしでは成立しえず，それゆえコンクリート構造物は社会基盤の中でなくてはならないものとなっている．このようにコンクリートが大量に，大規模に，工業的に社会基盤の建設に用いられるようになったのは 19 世紀末からであり，産業革命以降，人間の生産活動，経済活動の規模が，飛躍的に拡大し，それを支える生産，流通の基盤施設が必要となったこと，ならびに，セメントや鉄鋼が工業的に大量生産されるようになったことによる．その後 20 世紀に入り，コンクリートと鋼材とを組み合わせた複合構造である鉄筋コンクリート，プレストレストコンクリートが実用化されたことにより，コンクリート単体では不可能であった長スパンの構造物，耐震性のある構造物が可能となった．このように，我が国における 19 世紀後半の急速な近代化にともなう社会基盤の整備，第 2 次世界大戦後の復興と高度成長，巨大地震や津波，風水害等の人間社会の脅威となる大規模な自然災害の克服およびそれらからの復興において，コンクリート構造物が果たしてきた役割は大きい．

旧来，コンクリート構造物は永久構造物と言われ，また，安価で材料調達が容易であることから，戦後の高度経済成長期を中心としてコンクリートを用いた大量の構造物が構築されてきた．しかし，沿岸地域や積雪寒冷地域をはじめとする過酷環境下での変状が顕在化する等，当初予定した耐用期間を待たずに劣化する構造物が多くなった．さらには，除塩不足の海砂の使用による塩害，良質な骨材の枯渇，アルカリシリカ反応による劣化等，コンクリート構成材料の品質の変化に伴うコンクリート構造物の劣化も顕在化するようになってきた．また，レディーミクストコンクリートに対してポンプ圧送前にアジテータトラックに不正加水が行われたり，鉄筋のかぶり不足や PC グラウト充填不足による鋼材腐食等，構造物建設時の施工の良否がコンクリート構造物の劣化に大きく影響することも分かってきた．良質なコンクリートが長い年月にわたり供用可能なことは，小樽港北防波堤のコンクリートをはじめとして，供用中の実構造物が証明しているところであり，良質なコンクリート構造物とするために，何が必要であるかが問われている．メンテナンスフリーは，建設後における究極のカーボンニュートラルである．コンクリート構造物に要求される性能を満足するよう材料や施工を選定するとともに，維持管理を最小限に抑える，あるいは維持管理のしやすい構造計画・設計・施工を目指すことが重要である．

このように先進国における社会の成熟に伴い，建設から維持管理の時代への変化，地球規模における資源の枯渇，温暖化や気候変動への適応等，社会基盤施設へのニーズは多様化しているといえ，社会基盤施設のあり方も急激に変化しているといえる．本来，社会基盤施設は，社会の変化に柔軟に対応すべきものであり，コンクリート構造物も例外ではない．コンクリート標準示方書では，改訂時点での課題や将来生じうる課題を見据えて，これらを解決し，例えば，社会のニーズを要求性能として反映できる性能規定型の設計体系を

いち早く導入し，コンクリート構造物が社会の中で果たすべき役割を明確にしながらコンクリート構造物の構築に貢献してきた．

　設計供用期間にわたって，コンクリート構造物がその目的を達成するために，適切な計画，設計，施工を行うとともに，維持管理を通してその設計耐用期間にわたって性能を確保する．設計において，性能を確保するための一手法として，コンクリート標準示方書では，性能の照査を行うことを原則としている．具体的には，構造物あるいは部材に対して要求性能に応じた限界状態を設定し，設計耐用期間の間にこの限界状態に至らないことを確認する．限界状態に対しては照査の対象となる指標を定める．この照査指標には，構造物の変位や変形，部材の断面の応力度等が用いられるが，コンクリート構造物特有の指標としてひび割れがある．一般的なコンクリートは基本的に脆性材料であり，特に引張に対する抵抗が小さい．このため，施工中から設計耐用期間にわたる各場面で発生する可能性のあるひび割れに対してその限界値を定めて照査する．ひび割れは，外観，水密性，物質の透過に対する抵抗性に影響するため，コンクリートの収縮やセメントの水和熱に起因する初期ひび割れの照査を行うとともに，外観や鋼材腐食に関する照査の前提となるひび割れ幅の限界値が設定される．なお，コンクリート構造物の場合，コンクリートと鋼材のそれぞれの材料劣化に応じた限界状態が定められているのが特徴である．鋼材腐食に対しては，塩化物イオンの作用による鋼材腐食を生じさせない，中性化と水の作用による鋼材腐食でかぶりに腐食ひび割れが生じない軽微な腐食に留める，といった限界値が設定されている．コンクリートでは，凍結融解作用や化学的侵食作用等によるコンクリートの劣化でコンクリートの力学特性が著しく低下しない，あるいは物質の透過に対する抵抗性が低下しない限界値に収めることで，構造物の性能確保の前提となる条件を付与している．

　前述のとおり，構造物の目的に対して，必要な機能を設定し，さらに要求性能を適切に設定することが重要であり，従来までは安全性，使用性，復旧性等が主体であった．一方で，1992年の環境と開発に関する国際連合会議（地球サミット）に始まり，2015年に持続可能な開発目標（SDGs）が採択される等，持続可能な社会のあり方について具体的な目標が掲げられた．持続可能な社会の形成に対してコンクリート構造物が貢献すべき側面は非常に多い．ただし，ここでいう持続可能とは，単にCO_2排出量を削減するという活動ではなく，さらには単にコンクリート構造物の長寿命化を推進する活動でもない．持続可能性（サステナビリティ）は，社会的側面，環境的側面，経済的側面において社会の要求を満足することによって達成され，これら3つの側面のバランスを取ることが求められる．従来から要求性能として設定されてきた安全性，使用性および復旧性は社会的側面の一部として捉えることができる．逆に，環境的側面については，コンクリート標準示方書においても，配慮する性能として規定はされてきたものの，性能評価の枠組みの構築も未だ途についたばかりであることは否めない．なお，コンクリート構造物の持続可能性の検討はライフサイクルマネジメントにも帰着するため，ISO 22040（Life cycle management of concrete structures）を参考にするとよい．さらに，環境側面に関しては，ISO13315シリーズ（Environmental management for concrete and concrete structures）もしくはJIS Q 13315シリーズ（コンクリート及びコンクリート構造物に関する環境マネジメント）を参考にするとよい．コンクリート構造物の設計耐用期間において配慮する環境には，地球環境，地域環境，作業環境，および景観がある．このうち，地球環境とは，地球温暖化やオゾン層の破壊等，地球規模で影響を受ける可能性のある環境を言い，主に温室効果ガスの排出や資源の消費等が該当する．地域環境とは，大気汚染，土壌汚染，水質汚濁，廃棄物処理等，コンクリート構造物に関する活動を行う周辺の地域において影響を受ける可能性のある環境を言い，主に大気・土壌汚染物質や水質汚濁物質，廃棄物等の排出，副産物の利用等が該当する．作業環境とは，コンクリート構造物の施工や維持管理に従事する者を取り巻く環境を言い，主にコンクリート工事の各段階における人体に有害な物質の排出や，作業時の騒音・振動の発生等が該当する．

景観とは，構造物が周辺の景観を阻害することがなく，自然環境との調和を図るために配慮すべき環境であり，コンクリート構造物の計画段階では景観が，維持管理段階では外観が該当する．コンクリート構造物の環境性への配慮とは，その構造物が含まれる事業全体の持続可能性に与える影響評価の一つとして位置づけられる．環境性は，構造物の他の要求性能とも密接な関係があることから，法令等で定められた制限値を遵守するとともに，経済性やその他の要求性能とのバランスを考慮し，環境負荷を低減し環境便益を高める方法について検討することを意味する．環境性は，人が生きていく上で重要であるが，その評価についての客観的手法が必ずしも十分でないことや，環境性をどこまで考慮するかについての具体的な合意形成がなされてはいないものの，社会からの要請は極めて大きく，喫緊の課題となっている．

コンクリート構造物を社会の持続的な発展に寄与するものとするためには，性能向上に有効な新技術を積極的に活用するとともに，新技術に応じた適切な運用・管理方法を設定し，変化する社会ニーズに柔軟に対応することが求められる．そのためには，従来技術に固執することなく新技術を開発し適切に活用することによって，課題解決を図ることが求められる．性能規定型の枠組みにおいては，設定される要求性能を満足することにより新技術の導入が可能となるため，時代の要請に応じて最新の技術を導入すればよい．性能照査においては，コンクリート構造物の建設から供用に至るまでを考慮し，建設に有効な技術に加え，供用時に使用者が便益を享受できる技術の導入も積極的に進めるとよい．

1.4　用語の定義

コンクリート標準示方書では，次のように用語を定義する．

設　　　計：構造物の設計耐用期間の設定，要求性能の設定，構造計画，構造詳細の設定，性能評価や性能照査で構成される行為．

施　　　工：設計で想定した性能を具備した構造物や部材・部位を形にするための行為．

維持管理：構造物の設計耐用期間において，構造物の性能を所要の水準以上に保持するための行為．

設計供用期間：設計の前提として，構造物が所定の機能を維持することを期待する期間．

設計耐用期間：構造物または部材・部位が要求性能を満足する設計上の期間．

要求性能：目的および機能に応じて構造物に求められる性能．

照　　　査：構造物あるいは構造部材が，要求性能を満たしているか否かを，実物大の供試体等による確認実験や，経験的かつ理論的確証のある解析による方法等により判定する行為．

耐　久　性：構造物が設計耐用期間にわたり安全性，使用性および復旧性を保持する性能．

安　全　性：想定される全ての作用の下で，構造物が使用者や周辺の人の生命や財産を脅かさないための性能．

使　用　性：通常の使用時に想定される作用の下で，構造物が正常に使用できるための性能．

復　旧　性：地震の影響等の偶発作用によって低下した構造物の性能を回復させ，継続的な使用を可能にするための性能．

修　復　性：復旧性のうち，構造物の損傷に対する修復のしやすさを表す性能．

環　境　性：地球環境，地域環境，作業環境，景観に対する適合性．

社　会　性：構造物が使用される地点における社会環境への適合性．

施　工　性：構造物の構築における施工のしやすさ．

診　　　断：点検，劣化機構の推定，予測，評価および判定を含み，維持管理において構造物や部材の変状の有無やその程度を調べて状況を判断するための一連の行為の総称．

補　　　修：第三者への影響の除去あるいは，外観や耐久性の回復もしくは向上を目的とした対策．ただし，供用開始時に構造物が保有していた程度まで，安全性あるいは，使用性のうちの力学的な性能を回復させるための対策も含む．

補　　　強：供用開始時に構造物が保有していたよりも高い性能まで，安全性あるいは，使用性のうちの力学的な性能を向上させるための対策．

改　　　築：構造物の目的および機能の変更に対応するために実施する行為．

【解　説】　設計供用期間および設計耐用期間について　設計供用期間は，事業計画等で決まることがらであり，構造計画にあたっては与条件となる．設計供用期間は，①機能的な耐用年数（期待される機能を失う社会的な年数），②経済的な耐用年数（減価償却資産としての経済的な寿命や他施設との経済的な競争を含み経済的に施設を維持可能な年数），③物理的な耐用年数（構造物の性能低下による部材・部位が必要な性能を維持できなくなる年数）等の耐用年数を考慮して施設の所有者や管理者により決定されるものである．一方，設計耐用期間は，物理的な耐用年数，すなわち構造物の性能低下による部材・部位が要求性能を満足できなくなる期間として位置づけた．この場合，設計に用いる作用では，永続作用と変動作用は，設計耐用期間内に発生する作用として設定され，偶発作用は設計供用期間内の発生期待値等を考慮して設定される．

　照査について　コンクリート標準示方書では，基本的に要求性能のみが照査の対象であることから，性能照査を照査と定義して使用している．なお，基本原則編では性能評価と対応づけるために，性能照査として用いる．

　改築について　改築は鉄道構造物から道路構造物への転用のような目的の変更，単線鉄道の複線化や道路の車線増設といった機能の変更を対象としている．一般にこのような変更を行う場合は，構造物の性能を正しく評価し，その結果を踏まえて部材の補修，補強，撤去，新設といった様々な対策を組み合せて行う必要がある．

　文末表現の標準について　コンクリート標準示方書で使用している文末表現としては，**解説 表 1.4.1** を標準としている．

解説 表 1.4.1　文末表現の標準

末尾の字句	条文の位置付け
・・・とする． ・・・しなければならない．	実際上の明確な根拠に基づく規定，あるいは規格や取り扱いを統一する必要性から設ける規定．明確な理由が無い限り当該規定に従わなければならない．
・・・原則とする． ・・・標準とする．	条件によって一律に規制することはできないが，実用上の必要性から基本的な方針を示すために設ける規定．
・・・するのがよい． ・・・することが望ましい．	特に大きな支障がない限り規定どおりに実施することを推奨する規定．
・・・してもよい． ・・・することができる．	ものごとの実施にあたり，簡単にすることを旨として便宜上の簡便法を与える，許容する内容を明示する，あるいは規定が安全側に作られていることに対して緩和する規定．

2 章　コンクリート構造物の性能確保

2.1　一　般

（1）コンクリート構造物が設計供用期間にわたり目的を達成するためには，適切に設計耐用期間を設定し，その期間において要求される全ての性能を満足できるよう計画，設計，施工ならびに維持管理が実施されなければならない．

（2）コンクリート構造物の目的および機能を明らかにし，機能に応じて要求される性能を設計耐用期間にわたり満足することを性能評価により確認しなければならない．

【解　説】　（1）について　ここでいう計画とは，主に構造計画のことを指し，構造物の性能を確保するため，使用材料，構造形式，施工方法，維持管理方法等を選定する行為をいう．設計とは，構造物の設計耐用期間にわたる性能を確保するため，照査に基づき材料，配合，構造の詳細を決定し，結果を設計図書や図面に記載するものである．施工とは，設計で想定した性能を具備した構造物を形にするための行為である．施工段階では，これを実現するために，適切な施工計画を立て，それに従い確実に施工を行った上で，検査により構築された構造物が要求性能を満足していることを確認することになる．維持管理とは供用を開始した構造物に対し，設計耐用期間にわたって構造物の性能を確保するために行う種々の行為をいう．新設構造物に対しては，設計と施工を建設と位置づけることができ，さらに既設構造物の維持管理における補修・補強に際しても設計と施工を行うことになる．

　ここで，設計供用期間とは，構造物の供用によって目的を達成し，機能を維持することを期待する設計の前提として，構造物の所有者や管理者により設定される期間であり，それを踏まえて適切に設計耐用期間を設定する必要がある．その間に要求される性能を確保するための段階として，構造物の計画，設計，施工，維持管理から解体・撤去（・再生・循環）までが含まれる．

　一方，ISO22040 では，「ライフサイクルマネジメント（LCM）は，あらゆる形式，形態のコンクリート構造物のライフサイクルを適切にマネジメントするための活動を支援する高度なシステムとして，構造物のライフサイクルを，その必要性が認識された時点から，設計，施工，維持のための作業を経て廃止に至るまでの期間で考慮しなければならない．」とされており，コンクリート標準示方書の基本原則と整合している．

　（2）について　構造物の目的とは，当該構造物を必要とする理由であり，構造物の機能とは，目的を達成するために必要な構造物の役割である．要求性能とは，機能を発揮するために当該構造物が保有すべき性能である．要求性能は，一般に，安全性，使用性，復旧性とし，必要に応じて持続可能性に関する性能を選定する．持続可能性は，性能を規定することが難しいものもあるが，望ましい状態として考慮すべき事項であり，持続可能性の検討に当たっては社会的側面，環境的側面，経済的側面の視点から考えるのがよい．なお，要求性能の水準は，コンクリート標準示方書では，性能に応じて作用の規模と性能の限界状態の関係から設定するものとしている．以上を踏まえた性能確保のための基本概念は**解説　図** 1.1.1 に示されている．

2.2　要求性能

2.2.1　一　般

（1）構造物は，その目的を達成し，社会を持続可能なものとするために要求される性能を保有しなければならない．

（2）要求性能は，一般に，安全性，使用性，復旧性とし，必要に応じて持続可能性に関する性能を選定する．

（3）要求性能は，構造物の目的の達成が社会に及ぼす影響を考慮して，その水準を明確にしなければならない．

【解　説】　（1）について　構造物がその目的を達成し，社会の持続可能性を確保するために，要求性能が設定される．設計では，設計耐用期間にわたり構造物が設定された要求性能を満足することが照査される．これらのことを考慮して，要求性能は適切に設定される必要がある．

　（2）について　要求性能には，構造物や構造システムに対して安全性，使用性，復旧性等，構造物自身（あるいは利用者の便益）が保有すべき性能と，社会性，環境性，経済性等，構造物や構造システムが社会（利用者以外の便益）へもたらす視点からの性能がある．なお，社会性，環境性，経済性は持続可能性を具体化する指標として考えられるため，具体的に指標が規定できるものについては，持続可能性そのものを要求性能に設定することも考えられる．なお，要求性能の中には条件によっては必要でないものや，材料や構造形式によっては照査を省略できる場合もあるため，必要最小限の性能項目を抽出することも重要である．

　従来，耐久性は構造物が設計耐用期間にわたり安全性，使用性，および復旧性を保持する性能と定義されてきたが，耐久性を確保することは，設計耐用期間にわたって性能を確保することと同義であるため，［基本原則編］では，耐久性を要求性能として設定していない．

　（3）について　要求性能を具現化するためには，要求性能の達成状況が社会の持続性に及ぼす影響を考慮して，要求性能の水準を設定する必要がある．要求性能の水準は，設計事象における作用と限界状態の組合せによって設定される．

　要求性能の水準を評価するためには，概念として破壊確率等の信頼性指標が，説明責任を果たす意味も含めて必要になる．説明責任を果たすために，残余のリスクを明らかにし，性能が確保できない事象によるリスク，それが社会に及ぼす影響を考慮する必要がある．

2.2.2　設計供用期間および設計耐用期間

　構造物の設計供用期間を適切に設定し，設計供用期間と，環境条件，構造物の性能の経時変化，維持管理の方法，経済性等を考慮して，構造物の設計耐用期間を定めるものとする．

【解　説】　設計供用期間は，構造物の供用によってその目的を達成することを期待した設計上の供用期間であり，構造物の計画を行う前提条件として，構造物の所有者や管理者によって定められる期間である．一方，構造物が要求性能を満足する設計上の耐用期間（設計耐用期間）は，構造物の設置される環境条件，構

造物の性能の経時変化，維持管理方法等を考慮して定めることになる．なお，設計耐用期間を長く設定することは，構造物の性能の経時劣化に対する抵抗性を高くすることを要求することになる．

2.2.3　安全性

　安全性は，想定する全ての作用の下で，構造物が使用者や周辺の人の生命や財産を脅かさないための性能とする．

【解　説】　構造物の安全性は，変動作用や地震等の偶発作用の影響による破壊や崩壊等の構造物の物理的特性から定まる性能と，使用目的の喪失から定まる性能に大別される．

　物理的特性に基づく安全性は一般に，設計耐用期間中に生じる最大作用や繰返し作用に対して構造物が耐荷能力を保持する性能，あるいは設計耐用期間中に生じる全ての作用に対して構造物が変位や変形により不安定とならない状態を保持することができる性能である．一方，使用目的の喪失から定まる安全性は，走行性・歩行性のように構造物の利用者の災害等に対する性能，あるいはかぶりコンクリートの剥落等，構造物に起因した第三者への公衆災害等に関する性能により設定するのがよい．

2.2.4　使用性

　使用性は，通常の使用時に想定される作用の下で，構造物が正常に使用できるための性能とする．

【解　説】　使用性は，構造物を正常に使用できるための性能であり，快適に構造物を使用するための性能と通常の状態での機能に対する性能がある．

　快適に使用するための性能は，一般に，乗り心地，歩き心地，外観，騒音，振動等に対して設定するのがよい．また，機能に対する性能は，水密性，透水性，防音性，防湿性，防寒性，防熱性等の物質遮蔽性・透過性等や，変動作用，環境作用，偶発作用等の各種要因による損傷が生じて使用が不適当とならない性能について設定するのがよい．

2.2.5　復旧性

　復旧性は，想定した作用によって低下した構造物の性能を回復させ，継続的な使用を可能にする性能とする．

【解　説】　復旧性は，地震，風，火災の他，衝突，津波，洪水等の偶発作用による損傷や塩害等による劣化により構造物の性能低下が生じた場合の，性能回復が容易であることを示す性能である．土木構造物は一般に公共性が高いものであり，それらの目的や機能が達成されていない場合には市民の生活や社会・生産活動に大きく影響を与える．したがって復旧性を要求性能として設定することとした．

　復旧性は，構造物の損傷に対する修復の容易性，すなわち構造物の修復性のみならず，被災後の点検のしやすさ，復旧資材の確保，復旧技術等のハード面や，復旧体制等のソフト面の整備の有無等に大きく左右される．このように，復旧性は，構造物の損傷に対する修復の容易性や，性能の低下が及ぼす全ての要因を考慮して設定することとし，コンクリート標準示方書では，復旧性に含まれる構造物の修復性以外の要因を別

途考慮することを前提に，コンクリート構造物の修復性に対する力学的な要求性能を設定することとした．構造物に損傷を与える偶発作用として，地震，風，火災等が想定される．コンクリート構造物の修復性は，一般に，修復しないで使用可能な状態や，目的や機能が達成されていない状態が短期間で回復できる程度の修復が必要な状態等を念頭において，作用の規模に応じた性能の水準を設定するのがよい．その上で，適用可能な技術で，かつ妥当な経費および期間の範囲で，修復を行うことで継続的な使用を可能にする必要がある．

2.2.6　持続可能性を具体化する性能

持続可能性を具体化する性能として，社会性，環境性，経済性等を必要に応じて設定する．

【解　説】　社会性は，構造物が設置されて，使用される地点における社会環境への適合性に関する性能である．したがって，構造物が設置された地点における過去の被災状況等から安全性や復旧性の水準を設定したり，交通規制による社会的コストを削減するために，維持管理しやすい構造形式を選定する，設計耐用期間の長い構造物を構築する，維持管理を容易に行うための付帯設備等を予め設置することも社会性に包含されるものである．ただし，コンクリート構造物の使命として，従来，安全性等の性能の優先順位が高かった経緯もあり，コンクリート標準示方書では要求性能として安全性，使用性，復旧性を別建てしている．

環境性は，構造物が設置され，使用される地点における環境への適合性に関する性能であり，すなわち地球環境への適合性を含むものである．したがって，構造物が環境に与える影響として，地球環境，地域環境，作業環境，景観に対する適合性を環境に関する性能として照査する必要がある．環境に対する性能照査は，一般に法令等で定められている項目や事業者から要求される項目等に対する基準値や目標値を限界値として設定して行う場合があるが，一方で現時点では十分な知見や情報が不足しており具体的な照査ができない項目等も存在している．このため，構造物の計画においてこれらの条件を明確にした上で，維持管理を考慮した設計や施工において適切に配慮する必要がある．

経済性は，対象とする構造物への投資額に対して構造物が保有する性能の適合性に関する性能である．近年，構造物の供用によってもたらされる便益や構造物の歴史的価値等を評価すべきという考え方もある．

2.3　構造計画

（1）構造計画では，設計耐用期間，性能評価で想定する事象，要求性能の水準，構造物の使用材料，構造種別，構造形式，施工方法，維持管理方法等の設計条件，および性能評価や性能照査の方法を設定しなければならない．

（2）構造計画では，設定した条件に対して，設計耐用期間にわたり構造物が要求性能を満たし，かつ，想定外の事象および設計条件の変動や不確実性に対して冗長性や頑健性を有するように構造形式や構造システム，構造詳細等の設定を行わなければならない．

（3）構造計画では，建設地点の周辺条件，構造条件，使用材料，施工条件等の必要な事項について，これらが設計耐用期間の中で変化する可能性を含めた調査を行うものとする．

【解　説】　　（1）について　　コンクリート標準示方書では，構造物の目的や必要とされる機能に対して，設計供用期間，要求性能が設定された後，構造計画の段階で，設計耐用期間，性能評価で想定する事象，要求性能の水準，構造物の使用材料，構造種別，構造形式，施工方法，および維持管理方法等の設計の条件や，性能評価や性能照査の方法を設定し，主要寸法・構造詳細を設定し，それらを基に性能評価や性能照査を実施して構造物の保有する性能が要求性能を満足することを確認する体系としている．また既設構造物においては，性能照査に先立って構造物の点検結果に基づく性能の余裕の程度を適切に評価し，必要に応じて対策を検討する必要がある．性能評価にあたっては，構築された際の設計段階において考慮された部分係数等も含めて，余裕の程度を定量的に評価することが重要である．

　構造物の設計耐用期間は，設計供用期間内において構造物の設置される環境条件，構造物の性能の経時変化，維持管理方法，および供用期間にわたる修復費用や管理費用等も含めた経済性を考慮して定める．環境条件等によっては，構造物の設計耐用期間が，設計供用期間より長い方が合理的な場合と，短い場合が合理的な場合の両方があり得るため十分に考慮して検討する必要がある．さらには，設計耐用期間終了後の対応（撤去や再利用等）を考慮し，保有すべき性能を適切に設定しておく必要がある．

　要求性能の水準は，破壊確率等の信頼性指標を明らかにし，それを満足できるように限界状態設計法等の性能の照査方法の安全係数等を定めることで設定される．

　構造計画は，構造物の建設および維持管理にわたり，土木構造物の社会資本としての存在意義や社会が要求するコンクリート構造物の目的，機能およびその社会における貢献度を決定づける最も重要な行為である．なお，構造計画では，設定された要求性能を満たすべく，構造物特性，使用材料，施工方法，維持管理手法等の全ての要因を考慮して構造形式等を設定する必要がある．可能な限り要求性能の照査結果によって構造形式の変更等が生じないように構造計画を行うのが，計画・設計作業の合理性の観点から重要である．

　また，施工方法，維持管理方法に関しては，構造計画の段階で検討し，施工や維持管理のしやすさ，社会性や環境性等の持続可能性を反映させた設計解とし，施工や維持管理の各段階で確認するのがよい．なお，構造物の目的や機能に対して必要な性能を保持するためには，設計図等に示された条件を満足するように施工されることが必要である．そのためには，建設段階，維持管理段階のいずれの段階においても，施工に関する制約条件に十分に配慮して構造計画を行うことが必要である．

　構造物の安全性，使用性，および復旧性は，形状・寸法・配筋等の構造詳細の設定と材料の物理的特性に強く影響を受けるため，一般にはこの段階で，これらの諸元の多くが決定される．社会性，環境性に対しては，主として構造種別，構造形式等の設定に大きな影響を与えることから構造計画段階で検討し，これらを

満足する構造種別，構造形式を設計解とし，経済性とともに最終的な設計解を選択する際の工学的な価値基準の一つとするのがよい．

　（2）について　性能照査は，ある設定した条件の下に行われるものであり，その条件における性能の有無を証明するものである．したがって，実際には，想定した作用を超過した事象や想定の対象外の事象等が生じ得ることを認識しておく必要がある．そのため，このような事象への対応は，現状の設計体系においては構造計画段階で行う必要があり，構造計画では，性能照査での設定を超える事象に対しても構造物や構造物を含むシステムが，急激に破局的な状態に至らないように，冗長性や頑健性を持たせた構造物とすることを念頭に置くこととしている．冗長性は，設計で設定した条件を超える事象により構造物や構造物群の一部が損傷した場合にも，全体が急激な性能の変化を生じないための性質であり，頑健性は，作用や材料の特性が，設計において設定した条件から変化したとしても，設計で設定した性能を構造物が保持することのできる性質である．特に，地震の影響，津波等の地震に伴って生じる事象の影響，気候変動による海水位の上昇等，自然現象による偶発作用や自然環境の変化に対しては，十分に検討する必要がある．具体的には，想定した条件を超えた事象へ対応するためには，想定を上回る作用が生じた場合に生じ得る状況を分析し，その状況が生じた場合の影響度を極力小さくする対策を施す必要がある．なお，検討の結果，合理的な構造計画が立案できない場合には，配置計画まで立ち戻って検討することも必要である．

　構造物の形式，材料，主要寸法の決定においては，要求性能を満足できるように，施工方法，維持管理方法，環境性，経済性等を総合的に検討する必要がある．特に，構造計画において，建設に要する費用が概略決まるだけでなく，将来の維持管理に要する費用もほぼ決定するといっても過言ではない．したがって，将来の維持管理も考慮し，十分な検討を行うことが必要である．

　構造形式の選定や主要寸法の決定において，その形式や規模について十分な実績のある施工の場合には，過去の事例を参考に検討することができる．この場合，構造計画の段階で決定された構造形式や主要寸法を照査の段階に入ってから変更することは非常に困難であるため，過去の事例の前提条件と当該構造物の前提条件に大きな相違がなく，適用性に問題がないことを確認の上で検討を進める必要がある．形式や規模が施工実績の無い場合もしくは少ない場合には，詳細な検討を実施し，照査の段階で構造形式や主要寸法の変更が生じないようにすることが望ましい．なお，構造計画策定後の構造詳細の設定においては，構造計画で設定された構造形式に対して，部材寸法，配筋，使用材料等の性能照査で必要とされる情報の設定を行う．その場合，構造細目，類似構造物の詳細，および経験等による情報を適切に考慮する必要がある．

　（3）について　構造物を計画，設計，施工ならびに維持管理するためには，構造条件，地形・地質・地盤条件，気象条件等に関わるさまざまな調査が必要であり，構造計画の段階で建設予定地点の状況，構造物の規模等に応じて必要な調査を実施する．このような調査が不十分な場合，構造形式等が現地の状況に合わなくなり，計画の大幅な変更が生じる恐れもあるので，注意が必要である．

2.4　性能評価

2.4.1　一　般

　設計耐用期間を通して構造物の性能を適切に確保するために，各時点における性能を適切に評価しなければならない．

【解　説】　構造物の建設時から設計耐用期間終了までの間，構造物の性能を適切に確保するためには，荷重や環境作用の影響に伴う性能の経時変化を適切に評価する必要がある．新設構造物の設計ならびに既設構造物の対策の設計においては，設計耐用期間中の性能の経時変化を考慮した上で，適切に性能評価を行い，構造物あるいは構造部材の応答値と限界値の比較によって要求性能を満足しているか否かの判定を行うことが原則である．コンクリート標準示方書では，要求性能に対して，構造物の性能がどの程度であるかを評価することを性能評価，それを踏まえ要求性能を満足するか否かの判定を性能照査と呼ぶ．特に，維持管理段階では，既設構造物が保有する性能を正確に把握するとともに，その後の性能の経時変化を適切に予測することで，合理的な維持管理計画に基づく効果的な対策の実施が可能である．そのためには，供用期間中の構造物に関する情報を適切に取得し，各時点において設定した限界状態に対する余裕の程度を評価することが重要となる．

2.4.2　性能評価の計画

　構造物の性能評価を行う際は，対象構造物の評価の目的や得られる情報の質と量，各種制約条件等を勘案して，評価の計画を策定しなければならない．

【解　説】　新設構造物の設計では，必要な調査に基づいて立案された構造計画において，要求性能やそれに応じた性能評価の方法が検討される．一方，維持管理段階における性能評価では，構造物の性能評価の結果が当該構造物を取り巻く様々な状況（社会的環境）や入手できる情報に大きく依存するため，性能評価を合理的に実施するためには，評価の目的に応じて適用する性能評価手法や評価の内容を適切に定めた性能評価の計画を策定し，検討手順をあらかじめ体系立てておくことが必要である．例えば，変状に関する情報が十分でない場合には，変状の程度や範囲を変えた複数の条件を設定して評価を実施したり，対象となる構造物の環境条件が不明確な場合には，複数の環境条件の変化を考慮した評価を実施したりすることで，不確定な情報のもとで性能評価を合理的に実施することを目指すのがよい．

　性能評価の内容に影響を与える制約条件としては，構造物の重要度，評価の緊急度，検討にかかる費用，検討期間等がある．性能評価の計画を策定する際は，当該構造物の管理者の関与は不可欠であるが，適切な計画の策定を行うためには，調査，設計，施工，構造および材料に関する十分な知識と経験を有する技術者の関与も不可欠であり，さらにそれらを統括（マネジメント）する仕組みの構築も重要である．

2.4.3　性能評価に必要な調査

性能評価に必要な情報は，適用する評価手法に応じた適切な調査を実施することにより入手しなければならない．

【解　説】　性能評価に必要な情報を入手するためには，適切な調査方法を選択して実施する必要がある．その際，適用する性能評価の方法が必要とする情報を予め明らかにしておくことが求められる．特に数値解析による性能評価を実施する場合には，調査によって得られる情報の質や量が評価結果の精度や信頼性に影響を及ぼすことになる．なお，既設構造物の調査では，生じた変状の全てを正確に把握することは困難であるため，調査により得られた情報は必要に応じて分析または処理を行う必要がある．

2.4.4　性能評価の方法

（1）性能評価では，時間軸を考慮した材料や構造の力学機構に基づく数理モデルを用いること，あるいは実験等による実証を原則とする．

（2）過去に豊富な実績と経験がある場合には，定量的に検証された耐力式や経験則を用いてよい．

【解　説】　（1）について　構造物の保有する性能を的確に評価し，合理的な設計および維持管理を実施するには，構造物の性能を定量的に把握することが求められる．評価の対象となる安全性，使用性，復旧性等の性能は，構造物に対しての要求性能である．構造物は部材や部位の種々の構造要素から構成されるため，部材・部位に着目して評価する場合には，部材・部位の状態が構造物の全体としての性能に与える影響を考慮して評価することが重要となる．

（2）について　これまでの経験に基づいて設計された照査対象には，過去の経験を総合して検証された方法を用いることが可能である．新設構造物の場合には，照査式の前提条件を満足させることで，耐力算定式や経験則の適用が可能である．既設構造物の場合には，構造物の外観変状に基づいた評価や新設設計時に用いる耐力式がこれにあたる．構造物の外観変状に基づく性能評価（いわゆるグレーディングによる方法）は，点検で得られた構造物の外観変状に基づいて，構造物の状態を外観上のグレード等で表現し，構造物の性能評価を行う手法である．この手法は簡便に評価することが可能であるが，外観の変状のみで構造物の性能評価を行うことから，評価者の技術力に依存した半定量的な評価であり，安全側に評価することが基本となる．新設構造物の設計時に用いる性能照査式は，定量的な評価を比較的簡易に行うことが可能であるが，性能評価式の適用条件を満足していることが必要となる．既設構造物の場合には，生じた損傷により照査式の適用条件を満足しない場合や設計で想定したものとは異なる破壊形態となる場合が考えられることから，性能照査式の適用には十分に注意が必要である．

2.4.5　性能評価の基本

（1）構造物の性能評価は，構造物に対する要求性能の水準と，それに対応する限界状態を設定して行う．

（2）構造物の性能評価は，設定した限界状態に対する余裕の程度を適切に評価しなければならない．

（3）構造物の性能照査は，時間軸上の各時点における設計限界値と設計応答値を用いて適切に行わなければならない．

（4）既設構造物の性能評価は，評価時点において構造物が保有する性能を評価し，残存する設計耐用期間中の性能の経時変化を予測する．

【解　説】　（1）について　構造物の性能評価は，構造物の目的が達成されるような要求性能と性能項目，ならびに限界状態を設定し，応答解析等の客観的手法により，限界状態に対する余裕の程度を確認するものである．新設構造物の設計段階では，設計時に性能の水準を一義的に設定して，設計耐用期間中に考慮される事象を設定するため，設定外の事象に対する備えとして，構造物の性能を安全側に評価することで性能照査を行う点に特徴がある．一方，既設構造物の性能評価も同様の手法により行うことが可能であるが，特に著しい変状を生じた構造物では，新設時に設定した要求性能，性能項目，ならびに限界状態の組合せに基づいた評価が，必ずしも合理的な結果となるとは限らない．例えば，複数の部材で構成される構造物において，ある一つの部材に著しい変状が生じている場合であっても，直ちに構造物の機能が確保できなくなるわけではない．新設構造物の場合は，部材の限界を構造物の限界とすることによって，構造物全体として安全余裕を付与しているが，既設構造物，特に著しい変状が生じた構造物においては，構造物の目的，機能が満足されるか否かを評価することで，合理的な維持管理につながると考えられる．したがって，既設構造物の性能評価では，その構造物の目的，機能に対して，性能の水準と対応する限界状態を設定した上で余裕の程度を明らかにし，それに基づき構造の詳細に対する性能照査を行うことになる．

既設構造物の性能評価では，構造物が保有する性能に基づいて，供用制限，補修・補強，更新等の対策の要否を判断し，設計耐用期間にわたり管理する方法や計画を必要に応じて更新する．一方，供用期間中に構造物に求められる性能は，新設時よりも向上あるいは低下させた，異なる水準の性能を要求され供用する場合もあれば，あえて向上させた状態，低下した状態で供用する場合もある．すなわち，既設構造物では，構造物の機能に対して，性能の水準を変更して供用するか否かを評価できるようにする必要がある．そのためには，構造物の性能を根拠ある手法に基づいて評価することが合理的であることは自明である．

（2）について　性能評価では，各要求性能に対し，評価時点で構造物が保有している性能が，限界状態に対してどの程度の余裕があるか評価する必要がある．その際，各限界状態によって余裕の程度の考え方が異なることになるが，構造物の性能評価としては耐荷性のみに着目しすぎないようにし，総合的に判断することが肝要である．

（3）について　性能照査は，設計限界値および設計応答値に対して経時変化の影響を考慮し，例えば，照査時点の設計応答値の設計限界値に対する比に構造物係数を乗じた値が 1.0 以下であることを確かめることにより行う．

（4）について　既設構造物の性能評価では，評価時点で構造物が保有する性能を評価することに加え，残存する設計耐用期間中に合理的な維持管理を実施することを目的に，性能の経時変化を把握するための性能の予測を行う．性能の経時変化を予測する際には，変状の原因となる劣化機構の推定や劣化の進行予測が

重要である．性能の予測を行うためには，供用開始時点と調査結果に基づいた点検時点における性能の評価を行い，性能の予測において，経時変化の影響が妥当であることを確認する．その上で，将来の作用や応答，材料の力学的抵抗性の経時変化の影響を考慮して，構造物の性能を連続的に予測する．これにより，設定した限界状態に対する余裕の程度の経時変化を推定することができ，構造物が限界状態に達するまでの時間を評価することが可能となる．

2.4.6　性能評価に基づく判断

　既設構造物の性能評価では，評価の結果に基づいて，構造物に対する対策の要否判断や維持管理の方法を検討する．

【解　説】　構造物の性能評価を実施した結果，所定の性能を満足していない場合，将来比較的早期に性能を満足しなくなることが確認された場合，この時点で対策を施すことが効果的と考えられる場合には，適切な方法により対策を実施することになる．既設構造物の性能評価では，構造物の機能を満足するための要求性能とその水準に対して限界状態を設定することになるため，当該構造物の重要度，社会情勢，維持管理の容易さ等を考慮して，適切に維持管理限界を定めることになる．また，既設構造物の性能評価を実施することで，当初の維持管理計画の妥当性を確認できるとともに，必要に応じて維持管理計画の見直しを行うことができる．

3章　コンクリート構造物の性能確保のための情報伝達

3.1　一　般

コンクリート構造物の性能確保のために，設計，施工，維持管理の各段階の役割を踏まえた情報伝達について，この章に示す．また，伝達された情報を供用期間にわたる構造物の維持管理に活用するためには，各段階の情報を適切に記録・保存しなければならない．

【解　説】　コンクリート構造物の性能確保のためには，コンクリート標準示方書を遵守し，各段階における情報伝達を確実かつ適切に行い，各段階の作業の難易度に応じた技術的能力を有する技術者が，適切な技術的判断を行う必要がある．この章では，このうちの設計，施工，維持管理の各段階の役割を踏まえた情報伝達について示す．維持管理においては，建設時の設計段階と施工段階の情報が有益となるため，情報伝達の前提として，各段階の情報を適切に記録・保存し，供用時の維持管理段階に伝達することが必要となる．

3.2　各段階への情報伝達

（1）設計，施工，維持管理の各段階の情報は，適切に記録・保存し，各段階へ伝達しなければならない．記録・保存，伝達する情報の内容については，構造物の特性や管理者の維持管理の体制や方法等を踏まえ，設計耐用期間にわたるコンクリート構造物の性能確保に必要なものを定めるものとする．また，設計，施工，維持管理段階の各段階の情報は，当該の構造物だけでなく，構造物を新設する場合や他の既設構造物の維持管理にフィードバックするのがよい．

（2）建設時における設計段階および施工段階の情報は，維持管理段階において有益な情報であるため，適切に記録・保存，伝達するものとする．

（3）供用時における維持管理段階において取得した情報，および補修設計・施工段階の情報は，その後の維持管理段階において有益な情報であるため，適切に記録・保存するものとする．

（4）各段階への情報伝達は，確実に行う必要があることから，構造物の特性や管理者の維持管理の体制や方法等を踏まえ，適切な手法を選定するのがよい．情報伝達の手法については，施工の省力化だけでなく，コンクリート構造物の性能確保の観点から情報技術の進展に即した新技術を適用するのがよい．

【解　説】　（1）について　コンクリート構造物に要求される性能を確保するためには，構造計画において設定した基本方針に従って，構造物の設計，施工，維持管理の各段階の作業を適切に行う必要がある．すなわち，各作業は独立しているのではなく，上流側で設定した条件を満足するように，各段階の作業で必要な情報が上流側から下流側の作業へと引き継がれる必要がある．さらに，必要な情報が次の作業へと確実に引き継がれると同時に，必要な技術的能力と資格を有する技術者が中心となって作業を行うことが重要である．

コンクリート構造物が供用を終えるまでには，数多くの組織が関与し作業を担当することになる．性能を確保する上では，各段階で作業が適切に行われることは言うまでもないが，解説 図 3.2.1 に示すように，各

段階で必要な情報が確実に引き継がれることが重要である．そのためには，構造計画において基本方針を策定する段階で，引き継ぐ必要のある情報を明確かつ具体にしておくとともに，設計，施工，維持管理の各段階においては，次の段階を想定した上で，情報を整理し伝達する必要がある．土木構造物においては，建設と管理の事業主体が異なる場合が少なくない．建設のみを行う組織から管理する組織に構造物が引き継がれる場合は，構造物を供用期間にわたって適切に管理できるように，必要な情報を確実に伝達できる体制を整える必要がある．また，各段階の担当者の主観によらず，さらには担当者が介さない状況でも客観的な判断ができるように，具体的に情報を整理しておくことが重要である．

　構造物の建設から供用を通して，設計，施工，維持管理に関する様々な情報を客観的，科学的な見地から検証し，そこから得られた知見を新規に建設される構造物や他の既設構造物に対してフィードバックすることは，コンクリート技術の進歩と信頼性の高い構造物を実現する上で非常に重要である．設計，施工，維持管理段階の不具合に対する検討結果や対策に関する情報は，これから建設される構造物の設計，施工や供用されている構造物の維持管理に確実にフィードバックするため，各種技術基準類の改訂に反映することが望まれる．

　また，情報の利用，記録・保存の方法については，管理者の維持管理の体制や方法等を踏まえた上で，情報伝達の手段を選定する必要があるが，効率化の観点から電子化された媒体を用いるのがよい．BIM/CIM（Building/ Construction Information Modeling）等の情報伝達ツールは，情報伝達の効率化，省力化に有効と考えられる．

　各段階で引き継ぐ情報の例を**解説 図 3.2.2** に示す．コンクリート構造物の建設時の設計，施工段階の情報は，多種多様かつ膨大である．そのため，構造物の性能を設計耐用期間にわたって確保するためには，構造物の目的や機能，管理者の維持管理の体制や方法等を踏まえた上で，伝達する情報の内容および記録・保存，伝達の方法を適切に選定し，供用時に活用する必要がある．

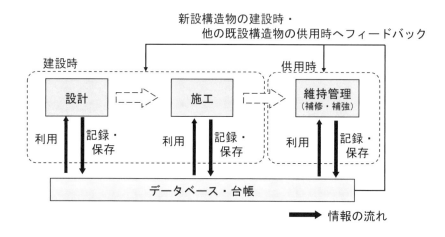

解説 図 3.2.1　構造形式選定後の設計，施工，維持管理段階の情報の流れ

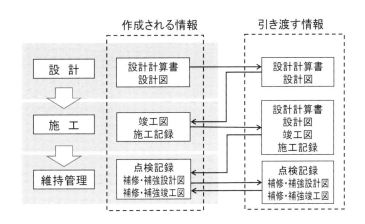

解説 図 3.2.2　各段階での情報の受け渡し

（2）について　供用時において，構造物の性能確保を確実に行うためには，設計段階や施工段階の情報が必要となる．これらの情報を設計図書等の膨大な量の情報から抽出するには多大な労力や時間を要する場合がある．一方で，これらの情報が記録されていない場合，検討自体が困難になる可能性がある．コンクリート構造物の維持管理を効率的かつ合理的に行うために，記録・保存しておくとよい有益な設計段階と施工段階の情報の例を**解説 表 3.2.1** および**解説 表 3.2.2** に示す．なお，これらの情報の内容や記録・保存の方法については，あらかじめ関係者で協議し，適切に管理者へ引き継ぐことが重要である．

設計段階では，断面形状・寸法や配筋等の構造詳細が設定され，安全性，使用性，復旧性等の性能について照査される．そして，照査結果に基づいて材料の特性値や使用材料，配合の参考値等が施工段階へ引き継がれる．このように設計段階では，構造詳細，使用材料，施工方法，維持管理方法等の全体的な仕様が，設計図書に記載される．設計図書には，設計計算書や設計図のほかに，構造種別や構造形式に関する検討や要求性能の設定理由等が記載される設計概要書等がある．これに加え，設計図書には，これまで実績のあるコンクリートの配合や，施工時の配合設計の簡便性を考慮して，設計で用いる特性値のほか，セメントの種類，粗骨材の最大寸法，単位セメント量，スランプまたはスランプフロー，水セメント比等の物性値も参考として記載される．これらの材料の物性値や配合の参考とする値が記載された設計図書は，設計者の意図を施工者，ならびに管理者に伝える唯一の手段となる．

また，概略設計段階における資料には，路線計画の内容や環境影響評価，地元説明会等における地域住民の意見や要望等が含まれる場合がある．これらを踏まえて，**解説 表 3.2.1** に示すような項目を必要に応じて記録・保存しておくのがよい．

解説 表 3.2.1　供用時において有益な設計段階の情報の例

段階	対　象	記録の項目
設計	概略検討時の資料	騒音・振動レベルの規制や 作業時間等の取り決め事項
	設計概要書	要求性能の設定理由 構造形式の検討結果
	設計計算書	設計総括表 断面力図 電算の入力データ
	設計図	設計条件表 鉄筋継手の種類・位置 打継目の位置

　施工段階では，引き継がれた設計図書に従って計画，施工された施工の記録が，竣工書類に記載される．竣工書類には，施工計画書や施工図，使用した材料の試験成績書，配合計画書，施工段階における各種の品質管理や検査の記録，竣工図面等のコンクリート構造物の初期状態に関する情報が含まれる．また，施工承諾願や設計変更指示書等には，設計段階から変更した情報や施工時に生じた不具合や補修の有無，補修した場合の補修方法，当初設計されたものから変更された場合における設計変更関連の図書等の情報が含まれる．これらの記録は，維持管理段階において，点検，性能評価，補修・補強を実施する上で，有益な情報となるため，適切に記録・保存し，確実に管理者に引き継ぐ必要がある．一般に，コンクリート構造物の設計は，配筋作業や締固め作業の難易度等，コンクリート構造物に特有の施工条件を考慮して行われるが，施工計画の段階において，設計段階で想定した施工条件から大きく変更する場合は，設計に立ち戻り，再度，要求性能を照査する必要がある．これらを踏まえて，**解説 表** 3.2.2 に示すような項目を必要に応じて記録・保存しておくのがよい．以下に，設計段階や施工段階において，維持管理段階へ引き継ぐことが望ましい情報の例として，コンクリート構造物の使用性，初期ひび割れ，およびプレストレスに関する情報について示す．

　コンクリート構造物のひび割れ幅や変位・変形については，設計段階において，コンクリートの圧縮強度，ヤング係数，乾燥収縮，クリープ係数等の特性値を設定し，その特性値に基づき算定した応答値を用いて照査する．一方，施工段階においては，実際に使用した材料の試験値の情報が取得できる．このため，維持管理段階において測定した実際のひび割れ幅や変位・変形等の応答値の情報だけでなく，これらの設計段階と施工段階の情報についても，構造物の性能評価において重要となるため，確実に情報伝達するのがよい．このように，コンクリート構造物の使用性に関する設計図書や各種試験結果等は，竣工書類として記録・保存し，維持管理段階へ引き継ぐことによって，供用時において，構造物に変状が生じた場合の原因推定や性能評価に有益な情報となる．また，変状等が生じて補修・補強が必要な場合は，補修・補強の有益な情報となり，迅速な対応が可能となる．

　コンクリート構造物の初期ひび割れについては，設計段階において，コンクリートの特性値，打込み方法や打継目等の施工条件や施工時の環境条件を想定し，セメントの水和反応に起因するひび割れの発生について検討する．一方，施工段階においては，実際に使用した材料の試験値や実際に施工した打込み方法や打継目等の施工条件や施工時の環境条件の情報が取得できる．施工段階では，設計段階の想定と大きく条件が異なる場合は，設計段階で想定した条件を見直した上で，必要に応じて，再検討や対策を行うことになる．これらの情報のほか，施工直後の点検で確認されたひび割れ，ひび割れの発生時期，性状や施工時の補修の情報を記録・保存し，維持管理段階に引き継ぐことによって，供用時に構造物に変状が生じた場合の原因推定や補修の検討において，有益な情報となる．

解説 表 3.2.2　供用時において有益な施工段階の情報の例

段階	対　象	記録の項目
施工	施工計画書，施工図	コンクリートの打込み計画
	材料試験成績表 配合計画書	骨材の産地，岩種等 配合表
	品質管理記録 検査記録	コンクリートの受入れ試験結果 鋼材のかぶりの検査結果 変状の発生箇所および補修方法
	竣工図，施工承諾願 設計変更指示書	設計図からの変更点

　プレストレストコンクリート構造物については，設計段階において，PC鋼材の配置位置や形状，プレストレス量を設定し，構造物の耐力や変位・変形等を算定し照査する．一方，施工段階では，実際のPC鋼材の配置検査や緊張管理の記録，使用したシースの種類，PCグラウトの品質の情報のほか，定着具のあと埋め等の保護に使用した材料，PCグラウトのグラウトホースのあと埋め材の種類や施工方法，防水処理方法または防錆処理方法，およびその材料や施工方法等の情報が取得できる．プレストレストコンクリート構造物においては，PC鋼材や定着具等が腐食，破断してプレストレスが消失するとひび割れが発生し，変形が増大して使用性が低下し，場合によっては耐力の低下によって安全性が脅かされる．しかし，通常，PC鋼材や定着具はシース内あるいはコンクリート内に配置されているため，PC鋼材の腐食を外観変状から把握することが困難である．そのため，維持管理段階に引き継がれた施工段階の情報は，供用時に構造物に変状が生じた場合の原因推定や補修・補強の検討において，有益な情報となる．また，プレストレストコンクリート橋の場合，プレストレス量とそり，たわみ等の変位・変形に相関があるため，プレストレス導入時や竣工時の情報を記録・保存するだけでなく，供用時においてモニタリングすることでプレストレスの低下が管理でき，構造物の性能確保に有益な情報となる．

　（3）について　供用時において，構造物の性能確保を確実に行うためには，維持管理段階の情報が必要となる．維持管理段階において取得する情報は，維持管理計画に基づく初期点検を含む点検記録，構造物の診断，性能予測，補修・補強等の記録である．これらの情報を維持管理段階で取得し，供用期間にわたり，記録・保存する必要がある．これらを踏まえて，解説 表3.2.3に示すような項目を必要に応じて記録・保存しておくのがよい．補修・補強における設計と施工の情報は，補修に先立って行われる調査の記録，補修・補強の図面等がある．なお，補修・補強においては，構造物の性能に与える影響が大きい，かぶりや鋼材腐食の状況等の詳細情報を入手できる．また，適用実績の少ない新工法や新材料が用いられる場合がある．これらの新工法や新材料に関する施工後の定期点検の情報は，類似構造物の維持管理において有益な情報となる場合がある．補修・補強における設計と施工の情報は，その後，再変状が発生した場合の原因推定や構造物の性能評価に有益な情報であるため，供用期間にわたり，確実に記録・保存する必要がある．以下に，供用期間にわたる性能確保のため，維持管理段階において記録・保存する情報の例として，コンクリート構造物の塩害および地震後のコンクリート構造物の性能評価を示す．

　沿岸域のコンクリート構造物では，エポキシ樹脂塗装鉄筋を使用する等の十分な塩害対策を施していない場合，塩化物イオンの供給により性能確保が困難になる場合がある．塩害の進行程度は，構造物の立地環境等に大きく影響されるため，実際に供給される塩分量は，設計段階で精度よく設定することが困難である．このため，維持管理段階においては，塩害環境にある構造物の変状等の状況を定期的に記録・保存し，更新することで設計段階の設定と実態の乖離の確認が可能となり，供用期間にわたる構造物の性能確保が可能となる．塩害環境に関する情報は，様々な方法により取得が可能であるが，継続的に情報を取得し，記録・保

解説 表 3.2.3　供用時において有益な維持管理段階の情報の例

段階	対象	記録の項目
維持管理	点検記録	変状図，変状程度
	診断結果 予測結果	事前調査結果 予測モデル，将来予測結果
	補修・補強図面 補強設計計算書	補修・補強方針 事前調査結果
	竣工図	使用材料，施工方法

存することによって，予防保全による早期の対策が可能となる．

　また，橋梁の基礎等は地中部にあるため，地震や洗掘等により損傷が発生した場合，損傷を目視により確認できないため，構造物の力学的性能を外観から評価することが困難である．このような構造物に対しては，定期的に衝撃振動試験等を実施し，固有振動数や振動モードを測定することが有効である．地震や洗掘等により構造物の基礎や部材が損傷を受けると構造物の固有振動数が低下し，損傷部位によっては，振動モードが変化する．このため，固有振動数や振動モードを確認することによって性能評価が容易になる．このように被害を受ける前の健全な状態における構造物の情報を日常の点検で把握し，供用期間にわたって記録・保存することによって，被害を受けた構造物の性能を迅速に評価し，早期復旧することが可能になる．

　不確実な地盤の影響を受ける構造物の固有振動数のような設計時に詳細な算定が困難な情報，あるいは，設計時の想定と異なる可能性がある情報については，維持管理段階において，実構造物から直接情報を取得し，適宜更新し，供用期間にわたって確実に記録・保存するのがよい．

　（4）について　　情報伝達は，従来は一般に紙媒体を通じて行われていたが，情報の電子化と情報技術の発展に伴い，多種多様な手法の選択が可能となっている．一方，設計，施工，維持管理の対象となる構造物には，その竣工時期や重要度あるいは管理者の維持管理の体制等に応じて記録・保存される情報の多寡や保存状態が異なる場合があるため，確実な情報伝達を行うためには，実態に応じた手法の選択が重要である．例えば，新設構造物の設計段階においては，設計図書を電子化し，施工段階や維持管理段階の詳細な情報についてデータベースを構築することが可能と考えられるが，竣工年代が古い既設構造物では，概略的な紙媒体による情報しか保存されていない場合が多く，情報の保存方法に応じたデータベース構築が必要である．

　近年の情報技術の進展に伴い，多種多様な新技術の開発が進んでおり，コンクリート構造物の維持管理においても，これらの技術を積極的に活用することが構造物の性能確保に有効と考えられる．このうち，設計段階から 3 次元モデルと連携させた BIM/CIM の導入により，構造物のデータベースを構築し，一元管理する手法等が有効と考えられる．例えば，設計段階で作成した BIM/CIM の情報に電子化されたレディーミクストコンクリートの生産工場からの出荷情報や受け入れ検査の結果，鉄筋および型枠検査より得られるかぶり等の施工段階で取得できる情報を関連付けて記録・保存し，データベースを介して維持管理段階に伝達することは，各段階の作業の効率化だけでなく，供用時においても，建設時の情報が直接活用できるようになる．また，維持管理段階で取得できるひび割れや環境条件等の情報を適宜，記録・保存し，設計および施工段階より伝達された情報と関連付け，供用期間にわたって記録・保存することにより，構造物の性能を建設時から供用終了まで連続的に把握することができる．これらにより，構造物の性能確保の精度が高まるとともに，これらの情報は，構造物の性能を保証する情報となる．

　一方で，情報技術は急速に進歩しているため，情報伝達に有効な新技術が設計，施工，維持管理の各段階において性能確保に資するものであることを十分に検討することが重要である．また，急速な情報技術の進歩に伴って，短期間で技術が陳腐化することも想定されるため，将来に向けた情報の永続性と拡張性に配慮することも重要である．

4章　コンクリート構造物に携わる技術者の役割

4.1　一　般

（1）コンクリート構造物の計画，建設および管理は，業務の遂行に必要となる十分な能力を有する技術者が責任者として行わなければならない．

（2）コンクリート構造物の建設および管理の各段階における技術者は，必要な知識を統合して計画を決定し，計画の実施に際しては必要な技能を有効に組み合わせて活用しなければならない．

（3）コンクリート構造物の建設および管理の実施において，十分な知識と経験を有する技術者が技術的判断を行う場合には，コンクリート標準示方書によらなくてもよい．

（4）コンクリート構造物の建設および管理の実施において，コンクリート標準示方書の適用範囲外の事象に対応する場合には，十分な知識と経験を有する技術者が，当該分野の専門知識を活用し，技術的検討を行った上で建設および管理の計画を決定する．

【解　説】　（1）（2）について　規模の大きさや作業の多様さ，機構の複雑さ，自然・社会との相互作用の多様さや大きさから，コンクリート構造物を含む土木構造物の整備・維持の計画，建設および管理の各段階（コンクリート標準示方書では設計，施工，維持管理に区分）においては，複数の素養が必要である．コンクリート標準示方書では，これらに必要な素養を有する者として技術者，各専門家および各技能者の3種類に分類した．各段階における作業は，計画の決定と計画の実施に大別される．ただし，設計は，計画の決定までが対象である．

　各作業に携わる者の役割と，そのために必要な素養を**解説 図4.1.1**に示す．技術者は，各専門家と各技能者の中心に位置している．技術者は計画の決定と実施を総括する責任者としての役割を果たす．計画の決定には幅広い分野における，それぞれの深い知識が必要であるが，それを有するのが各専門家である．各専門家の役割は技術者に専門知識を提供することであり，それらを統合して技術者が計画を決定する．一方，決定した計画を実施するのは各技能者の役割である．実構造物の建設と管理のための作業は多岐にわたるため，計画実施能力のある，多種類の技能者が必要である．それらを束ね，計画を完遂するのが技術者である．

　なお，完成品の販売・購入とは異なり，土木構造物の整備や管理における発注・受注は不完備契約によるため，発注者またはその代理人や第三者による照査や監理が必要となる．ここで定義した技術者とは，土木構造物の計画，建設および管理の各段階において，発注者，受注者および照査や監理の各立場の技術者の独立かつ対等な関係により成り立つことが前提である．各組織においては，ここに定義した技術者の役割を必ずしも一人で担うとは限らず，役割分担や補助業務により成り立つことが多い．

　ここで，土木構造物共通示方書では，土木構造物の建設および管理の全ての段階において，権限と責任を有する責任技術者を契約に明記して配置するように定めており，ここでいう十分な能力を有する技術者がそれに該当する．また，コンクリート標準示方書はコンクリート構造物を対象としているが，この章で規定する技術者の役割については，土木構造物全体にあてはまるものである．

　（3）について　コンクリート標準示方書は，土木構造物の設計，施工または維持管理の計画決定に際

しての標準的な規定を，設計編，施工編，および維持管理編のそれぞれの標準において記載したものである．多様な用途や自然条件への立地が想定される土木構造物においては，標準的な条件を想定して定められている規定を絶対視することは，経済性等の観点から適切でない場合がある．したがって，そのような場合には，［基本原則編］やその他の編の本編の趣旨を理解し，十分な知識と経験を有する責任者としての技術者が，技術的検討を行った上で判断を行うことが望ましい．

　（4）について　コンクリート標準示方書の記載は，コンクリート構造物本体に関する規定が主体であり，設計，施工および維持管理に必要な全知識を網羅したものではない．各段階の決定に際して必要となる狭義の土木技術・コンクリート技術以外の知識については，十分な知識と経験を有する責任者としての技術者が，当該分野の専門家の知識を踏まえ，技術的検討を行った上で計画を決定する必要がある．

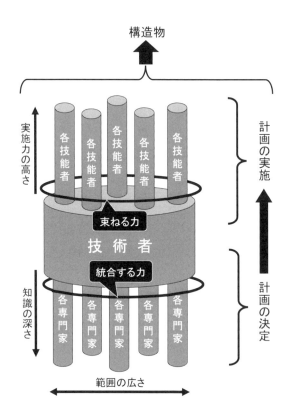

解説 図 4.1.1　コンクリート構造物の計画，建設，管理のために必要な
技術者，各専門家および各技能者の位置づけ，素養と役割

4.2　設計に携わる技術者

設計に携わる技術者は，構造物の計画，建設，管理，および意思決定に関する技術力を保有していなければならない．

【解　説】　設計は，設計条件等の条件が設定された上での，性能評価を行う作業を指す場合と，構造物が設計供用期間にわたり要求性能を満たす目的を達成するための，構造計画，維持管理計画，設計条件や照査方法の設定等，構造物の計画，建設，管理の各段階をマネジメントする作業を含めて指す場合がある．前者が「狭義の設計」，後者が「広義の設計」と呼ばれることもある．ここでは，設計を「広義の設計」として規定した．したがって，設計に携わる技術者は，構造物の計画，建設，管理の全ての段階に関わることになる．そのために保有すべき主な技術を以下に示す．

（ⅰ）計画

性能照査で想定する事象，要求性能の水準，構造物の使用材料，構造種別，構造形式，施工方法，および管理方法等の設計条件の設定や，性能評価に関する技術．

（ⅱ）調査

建設地点の周辺条件，構造条件，使用材料，施工条件等の調査に関する技術，ならびに既設構造物の点検・調査に関する技術．

（ⅲ）性能評価

構造物が，設計供用期間を通じて要求性能を満足することを確認する技術．

（ⅳ）施工

建設および管理の段階における材料の製造と構造物の施工に関する技術．例えば，構造物の施工の計画，積算（積算基礎や作業歩掛の作成を含む），施工の妥当性の確認，不具合の対策等に関する技術がある．ここでの，施工の計画は，施工条件，施工方法，施工に伴う作業と，その工程の最適化，および工期の設定を含む．

（ⅴ）意思決定

要求性能の満足度を適切な指標により判断し，工学的な価値基準を設定して，最も合理的と考えられる設計解を選定する技術．

（ⅵ）記録

構造物の計画，建設，管理を行うために構造物の情報を伝達するための技術で，構造物の製図の技術等を含む．

4.3　施工に携わる技術者

（1）施工に携わる技術者は，施工場所や施工時期，設計時点で確定することが困難な条件等を考慮して，設計で想定されている施工方法を，施工計画として適切に具体化しなければならない．

（2）施工に携わる技術者は，多岐にわたる作業のそれぞれに，必要な能力を有する技能者を配置し，これを主導して，設計図書どおりにコンクリート構造物を実現しなければならない．

（3）施工に携わる技術者は，設計で想定された特性と品質を満足する材料を，施工計画に基づき調達しなければならない．

（4）施工に携わる技術者は，設計図書に示すコンクリート構造物を実現するために，所定の品質，工期，工費で安全に施工しなければならない．

（5）施工に携わる技術者は，設計図書に示すコンクリート構造物を実現できているか，検査により品質を確認しなければならない．

【解　説】　（1）について　施工は，設計供用期間にわたり要求性能を満たす構造物を実現するために，設計図書を具現化する行為である．設計では，構造物の計画および積算等のために，コンクリートの材料や製造方法，施工方法，作業歩掛，工程，工期等，施工に関して想定がなされている．施工に携わる技術者は，設計で想定されている施工に関して，施工場所や時期によって優位性が相違する資機材の調達，暑中または寒中コンクリートの適用等，設計時点では確定することが困難であった条件を検討し，品質や経済性，工程，工期，安全性，法令遵守，ならびに環境負荷等を総合的に考慮した上で，コンクリート工事の施工計画を具体化する必要がある．

（2）について　構造物を実現するために行う多岐にわたる作業，例えば鉄筋工，型枠工，コンクリート工等は技能者の手に委ねられる．施工の良否は，この技能者の経験や資質の違い等の人的要因に大きく左右される．このため，多岐にわたる作業それぞれに責任を持って実施できる能力を有する技能者を，工程等も考慮して適切に配置することが施工に携わる技術者の役割の一つになる．施工に携わる技術者は，これらの作業ごとに，設計図書で要求されている事項を技能者に適切に伝達し，関係する全ての技能者を主導して構造物を実現する必要がある．

（3）について　施工に先立って，設計で想定された特性と品質を満足するコンクリートや鉄筋等の材料を調達することが，施工に携わる技術者の重要な役割である．特にコンクリート構造物の施工にあたっては，主要材料となるコンクリートを製造することが大きな特徴であり，設計で想定したコンクリートを製造するためにセメント，骨材，水および混和剤等の材料を適切に選定し，それらの配合を管理する必要がある．このことは，現在のコンクリート構造物の施工において一般的に使用されるレディーミクストコンクリートを購入する場合も同様であり，製造工場の選定，材料や配合，品質管理状況の確認，さらには施工箇所での受入れ時の品質確認等を適切に行う必要がある．

（4）について　施工に携わる技術者は，構造物の施工にあたり，所定の品質，工期，工費を厳守するとともに，作業する技能者の安全を確保する必要がある．実際の施工においては，想定していない事象により，施工計画どおりに遂行することが困難な場合も起こり得る．このような場合に，施工に携わる技術者は，設計図書で要求される品質を確保するための適切かつ迅速な措置を講じる必要がある．また，品質の変動が大きくなる兆候が認められた場合には，その原因を調査し，品質が所定の許容差内に収まるよう

な措置を講じる．このように，施工に携わる技術者は種々の施工上の課題に対して適切に対応し，施工を管理する必要がある．

　（5）について　設計図書に示すコンクリート構造物を実現できていることを確認するために，適切な時点で適切な方法により検査を行う．検査の結果，不具合が確認され，合格と判定されない場合には，適切な措置を講じる必要がある．

4.4　診断に携わる技術者

　構造物の診断に携わる技術者は，設計で想定した維持管理計画に基づき，コンクリート構造物の性能を診断しなければならない．また，診断の結果に基づき，必要に応じて対策を立案するとともに，維持管理計画を見直さなければならない．

【解　説】　構造物の診断に携わる技術者は，維持管理計画で定められた点検項目について，経年や環境，荷重条件を考慮し，具体的な点検方法を選定して点検を行い，点検結果を記録する．また，診断に携わる技術者は，点検結果を基に，現状の評価，将来予測を行い，対策の必要性を判断する．性能の回復が必要と判断された場合には，例えば，塩化物イオン量の低減，ひび割れ補修等の具体的な対策内容と実施時期を決定し，そのために必要な検証実験や測定，既往の知見の収集や分析を行い，その効果を評価する．診断に携わる技術者はこれらを的確に実施し，必要に応じて維持管理計画を見直す能力を有することが必要である．

　なお，維持管理において，設計および施工に関する作業を伴う場合の技術者の役割は4.2および4.3によるものとする．

コンクリート標準示方書一覧および今後の改訂予定（2023年3月時点）

書名	判型	ページ数	定価	現在の最新版	次回改訂予定
2022年制定　コンクリート標準示方書 ［基本原則編］	A4判	56	本体3,200円＋税	2022年制定	2032年度
2013年制定　コンクリート標準示方書 ［ダムコンクリート編］	A4判	86	本体3,800円＋税	2013年制定	2023年度
2022年制定　コンクリート標準示方書 ［設計編］	A4判	814	本体8,400円＋税	2022年制定	2027年度
2017年制定　コンクリート標準示方書 ［施工編］	A4判	384	本体5,500円＋税	2017年制定	2023年度
2022年制定　コンクリート標準示方書 ［維持管理編］	A4判	454	本体6,400円＋税	2022年制定	2027年度
2018年制定　コンクリート標準示方書 ［規準編］ （2冊セット） ・土木学会規準および関連規準 ・JIS規格集	A4判	701＋ 1005	本体13,000円＋税	2018年制定	2023年度

※次回改訂版は、現在版とは編成が変わる可能性があります。

●コンクリートライブラリー一覧●

号数：標題／発行年月／判型・ページ数／本体価格

●コンクリートライブラリー一覧●

号数：標題／発行年月／判型・ページ数／本体価格

第113号 ：超高強度繊維補強コンクリートの設計・施工指針（案）／平16.9／A4・167 p.／2000 円
第114号 ：2003 年に発生した地震によるコンクリート構造物の被害分析／平16.11／A4・267 p.／3400 円
第115号 ：（CD-ROM 写真集）2003 年，2004 年に発生した地震によるコンクリート構造物の被害／平17.6／A4・CD-ROM
第116号 ：土木学会コンクリート標準示方書に基づく設計計算例［桟橋上部工編］／2001 年制定コンクリート標準示方書［維持管理編］に基づくコンクリート構造物の維持管理事例集（案）／平17.3／A4・192 p.
第117号 ：土木学会コンクリート標準示方書に基づく設計計算例［道路橋編］／平17.3／A4・321 p.／2600 円
第118号 ：土木学会コンクリート標準示方書に基づく設計計算例［鉄道構造物編］／平17.3／A4・248 p.
※第119号 ：表面保護工法　設計施工指針（案）／平17.4／A4・531 p.／4000 円
第120号 ：電力施設解体コンクリートを用いた再生骨材コンクリートの設計施工指針（案）／平17.6／A4・248 p.
第121号 ：吹付けコンクリート指針（案）　トンネル編／平17.7／A4・235 p.／2000 円
※第122号 ：吹付けコンクリート指針（案）　のり面編／平17.7／A4・215 p.／2000 円
※第123号 ：吹付けコンクリート指針（案）　補修・補強編／平17.7／A4・273 p.／2200 円
※第124号 ：アルカリ骨材反応対策小委員会報告書－鉄筋破断と新たなる対応－／平17.8／A4・316 p.／3400 円
第125号 ：コンクリート構造物の環境性能照査指針（試案）／平17.11／A4・180 p.
第126号 ：施工性能にもとづくコンクリートの配合設計・施工指針（案）／平19.3／A4・278 p.／4800 円
第127号 ：複数微細ひび割れ型繊維補強セメント複合材料設計・施工指針（案）／平19.3／A4・316 p.／2500 円
第128号 ：鉄筋定着・継手指針［2007 年版］／平19.8／A4・286 p.／4800 円
第129号 ：2007 年版　コンクリート標準示方書　改訂資料／平20.3／A4・207 p.
第130号 ：ステンレス鉄筋を用いるコンクリート構造物の設計施工指針（案）／平20.9／A4・79p.／1700 円
※第131号 ：古代ローマコンクリート－ソンマ・ヴェスヴィアーナ遺跡から発掘されたコンクリートの調査と分析－／平21.4／A4・148p.／3600 円
第132号 ：循環型社会に適合したフライアッシュコンクリートの最新利用技術－利用拡大に向けた設計施工指針試案－／平21.12／A4・383p.／4000 円
第133号 ：エポキシ樹脂を用いた高機能 PC 鋼材を使用するプレストレストコンクリート設計施工指針（案）／平22.8／A4・272p.／3000 円
第134号 ：コンクリート構造物の補修・解体・再利用における CO_2 削減を目指して－補修における環境配慮および解体コンクリートの CO_2 固定化－／平24.5／A4・115p.／2500 円
※第135号 ：コンクリートのポンプ施工指針　2012 年版／平24.6／A4・247p.／3400 円
※第136号 ：高流動コンクリートの配合設計・施工指針　2012 年版／平24.6／A4・275p.／4600 円
※第137号 ：けい酸塩系表面含浸工法の設計施工指針（案）／平24.7／A4・220p.／3800 円
第138号 ：2012 年制定　コンクリート標準示方書改訂資料－基本原則編・設計編・施工編－／平25.3／A4・573p.／5000 円
第139号 ：2013 年制定　コンクリート標準示方書改訂資料－維持管理編・ダムコンクリート編－／平25.10／A4・132p.／3000 円
第140号 ：津波による橋梁構造物に及ぼす波力の評価に関する調査研究委員会報告書／平25.11／A4・293p. ＋ CD-ROM／3400 円
第141号 ：コンクリートのあと施工アンカー工法の設計・施工指針（案）／平26.3／A4・135p.／2800 円
第142号 ：災害廃棄物の処分と有効利用－東日本大震災の記録と教訓－／平26.5／A4・232p.／3000 円
第143号 ：トンネル構造物のコンクリートに対する耐火工設計施工指針／平26.6／A4・108p.／2800 円
※第144号 ：汚染水貯蔵用 PC タンクの適用を目指して／平28.5／A4・228p.／4500 円
※第145号 ：施工性能にもとづくコンクリートの配合設計・施工指針［2016 年版］／平28.6／A4・338p.＋DVD-ROM／5000 円
※第146号 ：フェロニッケルスラグ骨材を用いたコンクリートの設計施工指針／平28.7／A4・216p.／2000 円
※第147号 ：銅スラグ細骨材を用いたコンクリートの設計施工指針／平28.7／A4・188p.／1900 円
※第148号 ：コンクリート構造物における品質を確保した生産性向上に関する提案／平28.12／A4・436p.／3400 円
※第149号 ：2017 年制定　コンクリート標準示方書改訂資料－設計編・施工編－／平30.3／A4・336p.／3400 円
※第150号 ：セメント系材料を用いたコンクリート構造物の補修・補強指針／平30.6／A4・288p.／2600 円
※第151号 ：高炉スラグ微粉末を用いたコンクリートの設計・施工指針／平30.9／A4・236p.／3000 円
※第152号 ：混和材を大量に使用したコンクリート構造物の設計・施工指針（案）／平30.9／A4・160p.／2700 円
※第153号 ：2018 年制定　コンクリート標準示方書改訂資料－維持管理編・規準編－／平30.10／A4・250p.／3000 円
第154号 ：亜鉛めっき鉄筋を用いるコンクリート構造物の設計・施工指針／平31.3／A4・167p.／5000 円
※第155号 ：高炉スラグ細骨材を用いたプレキャストコンクリート製品の設計・製造・施工指針（案）／平31.3／A4・310p.／2200 円
※第156号 ：鉄筋定着・継手指針〔2020 年版〕／令2.3／A4・283p.／3200 円
※第157号 ：電気化学的防食工法指針／令2.9／A4・223p.／3600 円
※第158号 ：プレキャストコンクリートを用いた構造物の構造計画・設計・製造・施工・維持管理指針（案）／令3.3／A4・271p.／5400 円
※第159号 ：石炭灰混合材料を地盤・土構造物に利用するための技術指針（案）／令3.3／A4・131p.／2700 円
※第160号 ：コンクリートのあと施工アンカー工法の設計・施工・維持管理指針（案）／令4.1／A4・234p.／4500 円
※第161号 ：締固めを必要とする高流動コンクリートの配合設計・施工指針（案）／令5.2／A4・239p.／3300 円
※第162号 ：2022年制定コンクリート標準示方書改訂資料－基本原則編・設計編・維持管理編－／令5.3／A4・290p.／3000 円

※は土木学会にて販売中です．価格には別途消費税が加算されます．

あらゆる境界をひらき
持続可能な社会の礎を築く

JSCE
公益社団法人 土木學會
Japan Society of Civil Engineers

定価3,520円（本体3,200円＋税10％）

2022年制定
コンクリート標準示方書 ［基本原則編］

平成25年3月　2012年制定・第1刷発行
平成30年5月　2012年制定・第2刷発行
令和2年10月　2012年制定・第3刷発行
令和5年3月　2022年制定・第1刷発行

●編集者………土木学会　コンクリート委員会
　　　　　　　コンクリート標準示方書改訂小委員会
　　　　　　　委員長　二羽　淳一郎

●発行者………公益社団法人　土木学会　専務理事　塚田　幸広

●発行所………公益社団法人　土木学会
　　　　　　　〒160-0004　東京都新宿区四谷1丁目外濠公園内
　　　　　　　TEL：03-3355-3444（出版事業課）　FAX：03-5379-2769
　　　　　　　http://www.jsce.or.jp/

●発売所………丸善出版（株）
　　　　　　　〒101-0051　東京都千代田区神田神保町2-17　神田神保町ビル
　　　　　　　TEL：03-3512-3256／FAX：03-3512-3270

©JSCE 2023／Concrete Committee
印刷・製本：昭和情報プロセス（株）　用紙：京橋紙業（株）
ブックデザイン：昭和情報プロセス（株）
ISBN978-4-8106-0980-6